A style お弁当日記

全家人的
暖心便當

56道經典便當 × 83道主副菜 × 32道縮時料理

Amanda 劉晏伶 · 著

目錄  Contents

Chapter 1
便當製作的基礎

Chapter 2
冰箱常備食材與常用工具

Chapter 3
人氣便當BEST 10

Chapter 4
一週常備菜與便當示範

便當主菜

Chapter 5
吮指肉食系便當

Chapter 6
縮時便當提案

Chapter 7
精選便當圖鑑

母親的手做便當，包含著滿滿的心意

曾經有一位日本廚師這麼說：「料理は手紙のように、食べる方にメッセージを伝えます！」意思是，料理就像是一封信，對吃的人傳達你的心意。我自己本身也是從國中至高中帶了6年便當，母親雖然不是名廚，但在我心中是煮飯最好吃的人。媽媽做的飯就是多了份記憶，所以吃起來特別美味。

我曾經至日本留學，深受日本文化的薰陶，即使是簡單的台菜，也能擺出日式和風的品味。從不擅長料理，到便當製作高手，這一切要感謝一位愛吃的小食客，就是我的女兒Maggie。

從小餵她吃飯是工作也是樂趣，看她津津有味的吃著我做的料理，腦海裡就會想著下一餐要再做什麼料理來滿足她。赴日求學回台後，在新竹家鄉擔任日商社長祕書一職，婚後遠嫁高雄，專心當了十幾年的家庭主婦。原本很不甘心人生就這樣平凡無奇的度過，直到有一天，女兒對我說：「媽，你可以早起幫我跟兩位同學做戶外教學的便當嗎？」我很開心被女兒喚醒我的偽日本家庭主婦魂。哈！那就來研究菜單，早起做便當吧！把她愛吃的統統裝進便當中，讓她開心帶出門。聽說用餐時間，大家都對她投以羨慕的眼光。此後，帶便當就成為女兒的小小虛榮心、媽媽的不歸路呀！

其實女兒通常在學校吃營養午餐，帶便當是從六年級升七年級開始，幫她製作課後補習前的晚餐。下課後，自此不在路上隨意買油膩的蔥油餅、煎餃果腹。一開始只有補習的日子才做課後便當，之後成立粉絲頁記錄分享，在粉絲們熱烈迴響之下，變成沒有補習的日子，也習慣做便當等待著下課的女兒。女兒升上國中後壓力不小，到家後先洗澡再享用媽媽的手作便當，小歇後再進房溫書，或送去補習班。課後便當也替她省了不少時間，逐漸變成了國中的生活模式。

我希望能透過這本書，帶著大家進入意想不到的便當世界！原來這麼簡單的調味、這麼簡單的方法，就能做出偽日本媽媽的暖心便當。一起動手來試試吧！

A Style お弁当日記版主
Amanda

推薦序
我心目中的強者

我心目中的強者，不是什麼著名的科學家，也不是社會大眾熟知的公眾人物，更不是讓世界和平的超級英雄，但是，她總是為我挺身而出，將她的歲月奉獻給我，不計代價的付出，只為了讓我更好，她是我最親愛的人——媽媽。

我的媽媽並不是溫柔，會順從我的媽媽，她有自己的一套原則。她會寵愛，但不會溺愛；她給了我很多，但為了不讓我養成貪心的習慣，不會給的過多。不單只是對我的愛，她對我是無限量的供應。

她曾留學日本青山學院，相當不容易，算是個高材生。但生下我之後，她放下所有的一切，專心地帶著我長大，細心地呵護我、照料我，加上爸爸工作忙，一天之中超過一半的時間，我都在她的身邊。她是新竹人，對高雄的事物根本一竅不通，但卻為了我到處奔波打聽，只為了給我最好的教育，學習任何對我最有幫助的事物。

最令我佩服的是，她現在成為了一個不平凡的家庭主婦。我六年級時，有時候補習會很晚才下課，因為擔心我餓肚子，她開始幫我做便當，一天接著一天，漸漸由興趣成了行家，連沒補習的日子也替我裝了一個便當，開始與親朋好友分享。

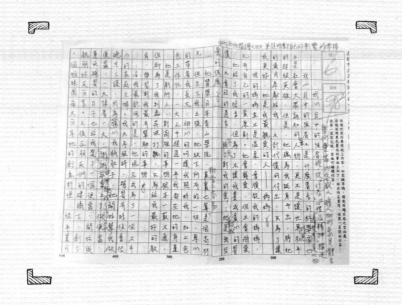

之後在朋友們的建議下，創立了一個粉絲專頁，每天分享她的創作料理，經年累月，粉絲越來越多，現在已經到達兩萬多人，漸漸有許多廠商來找她代言，甚至要出版一本自己的料理書。最讓我讚嘆的是，在這之中，她學的日文也在無意間派上了用場，真是學以致用。每天早上看著日本晨間節目，一邊學習、一邊研發多種創意十足又健康的料理，不僅為了家人，她個人也非常樂在其中，一舉數得，很是不簡單。

從母親的身上，我學到了很多，永不放棄、堅持理想、勇於嘗試，都是她教會我的理念，更給了我許多啟發。在我心中她是無敵、與眾不同的媽媽，她帶給我的，比一般定義的「強者」還要來的多。有一位足球明星曾說過：「強者不一定是勝者，但勝者一定是強者」在我心裡，她戰勝了所有人，因為，沒有人比她對我付出的那麼多，沒有人能影響我那麼多。

A Style お弁当日記版主女兒

Maggie

Chapter 1 · Basis ·

便當製作的基礎

1 第一次做便當就上手

▶▶▶ 食物必須徹底煮熟後，再放入便當盒中。

▶▶▶ 食物完全放涼後，再裝進便當盒。

▶▶▶ 夏天時，可在便當袋內再多放入數個保冷劑，延長便當保鮮期限。

▶▶▶ 為了避免食物腐壞，便當內容物盡量不要有多餘湯汁。

▶▶▶ 切勿用手直接觸碰飯菜，容易讓飯菜交叉汙染。

▶▶▶ 飯煮好時，可加入一點點白醋拌勻，或在飯上放一顆梅干，有抑菌作用。

2 掌握好吃便當的6大原則

Point 1. 調味輕重是首要關鍵

便當菜要掌握即使是冷掉了也能美味的原則，比平時再重一點點的調味，讓冷食也能很好吃。便當用的米飯要煮得比平常更微軟些，也就是水量掌握在1：1.25，讓米飯的保水度夠，即使是冷掉了，也不會乾柴難以入口。

Point 2. 重口味、淡口味完美搭配運用

主菜若是重口味時，白飯可撒上芝麻或海苔粉。主菜不夠多或淡口味時，白飯可撒上飯香鬆或醃漬物來增添美味。玉子燒為主角時，可以在玉子燒裡加點配料加重口味，如蔬菜、鮪魚、明太子及菜脯等；玉子燒為配角時，則單純以甜味或高湯口味來製作即可。

Point 3. 下調味料的時間很重要

想要玉了燒或蒸煮物的色澤能漂亮呈現時，記得使用淡口味的薄鹽醬油或鰹魚醬油。燙葉菜類時加點鹽在水裡，燙好後，冰鎮、瀝乾再撒鹽拌勻調味，根莖類如花椰菜、紅蘿蔔類，則是燙熟後自然冷卻即可。炒青菜在加入油的同時，就撒入一點鹽巴，如此一來，鹽巴溶解後可均勻分布在青菜表面，反而能減少鹽巴的用量；煎肉類時，起鍋前再撒鹽，才不會隨著肉汁流失鹽分；而黑胡椒為了保留香氣，最後再撒上即可。

Point 4. 遵守「紅綠燈配色法」，主菜的選擇及色彩平衡

紅色、黃色、綠色，是讓便當色彩繽紛的基本顏色。菜色若沒有這3種顏色的 話，就用飯香鬆、海苔粉、梅干來裝飾，豐富便當的色彩。便當菜與白飯的比例最佳是3：2，讓菜色能豐富地呈現在整個便當盒中。

Point 5. 便當空隙巧妙使用造型食材填滿

根莖類食材用蔬菜壓模或餅乾壓模，製作出特殊造型，填補在空隙處又能完美點綴，有畫龍點睛的效果。（淺漬花朵造型根莖類請參考CH2）

Point 6. 方便作業的迷你道具

做1～2人份的料理也快能快速上手，掌握煮菜的先後順序，減少鍋具的清洗。個人最常使用單人份9cm大小的玉子燒鍋、小型切菜刀、小型平底煎鍋。煎燙少量食材時很方便，最好能一鍋一刀使用到底。例如做好煎蛋或玉子燒的鍋，可直接用來煎肉類；燙完青菜的鍋可用來煮水煮蛋。掌握好料理食材的先後順序，就能縮短料理時間。

3

美味便當的裝填方法

示範 ❶

便當的擺盤與家常料理的擺盤極為不同，在此介紹便
當裝填擺盤的小技巧，只要能掌握訣竅，就能輕鬆
完成令人羨慕、吃到最後一口也漂漂亮亮的便當喲！

Step 1

白飯趁溫熱的時候裝

白飯趁溫熱的時候裝
比較好整形，
先將飯裝好待涼，
之後再陸續放入配菜。

Step 2

生菜或醬菜類

Tips

熱飯時裝填配菜比較
容易孳生細菌

醬菜類必須確實用廚房紙巾
吸乾水分再裝填。

Step 3

主菜

主菜擺在最
一目瞭然的位置。

Step 4

主菜

Step 5

副菜
①

Step 6

副菜
②

Step 7

青菜

Step 8

蛋是重要的配角

Step 9

填補空隙的漬物

Step 10

壓花漬物的點綴

最後在蛋黃撒上
少許海苔粉，
是促進食慾的巧思
還能呈現品味。

示範 ❷

Step 1

白飯裝成梯形高低狀

Step 2

低層擺上主菜魚及日式唐揚雞

Step 3

遂一加入副菜及青菜

Step 4

擺上點綴又開味的梅漬蜜番茄,及淺漬花朵造型蘿蔔

Step 5

最後在花上放黑芝麻,有畫龍點睛的效果。

4 各類便當盒分享及清潔保養祕訣

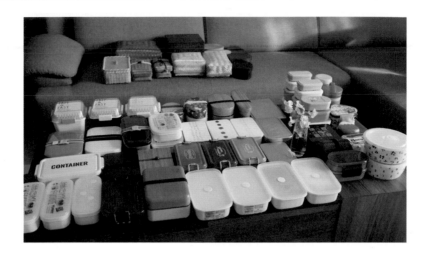

愛上做便當之後，不知不覺已經成了便當痴（笑）。照片中的每個盒子都是我的愛用品，無論哪一種材質我絕不使用洗碗機或烘碗機，而是用中性清潔劑配合柔軟海綿手洗，且不會使用綠色或棕色菜瓜布清洗，以免留下刮痕造成無法長期使用的遺憾。清潔後，用乾淨的抹布先擦乾表面水分，再墊一張易吸水的毛巾布吸水氣，自然陰乾一晚後再收納。（木製或竹製的便當盒，禁用烘碗機及日晒，長時間烘烤或日晒易造成裂痕）

便當盒使用大評比

× 蒸
× 微波
○ 不加熱常溫食用

▌ 曲げわっぱ（木製、竹製便當盒）

傳統的木製或竹製便當盒非常有質感，是主婦們夢寐以求的夢幻逸品。打開便當盒時，米飯還伴隨著淡淡的木香。木製便當盒能調節便當中的水分，並有抑菌作用，常溫保存4～5小時沒問題，讓飯菜即使變涼了也一樣美味。屬於機能性非常高的便當盒，但價格也相對較高。在日本主婦界一直保有著高人氣的地位！

▌ 不鏽鋼便當盒

容易清洗、不易殘留餘味，是不鏽鋼便當盒的好處。比起塑膠便當盒，不鏽鋼材料較為耐用又不易刮傷，而且保冷、保溫效果都在塑膠便當盒之上。造型上簡潔幹練，很適合男性或蒸飯的學生來使用。

○ 蒸
× 微波
○ 不加熱常溫食用

× 蒸
× 微波
○ 不加熱保溫食用

▌ 保溫便當盒

配合保溫袋使用可以讓保溫效果更好，適合吃不慣冷食的人使用。市面上亦有提供高效能的燜燒罐，只要把高溫的食材放進裡面，燜上一定時間，食材就會變得非常軟，很適合用來製作湯或粥品。但缺點就是重，而且價格上也比較高。

×　蒸
○　微波
○　不加熱常溫食用

▲ 琳瑯滿目的款式，也有仿木紋及碎花便當盒。

▌塑膠便當盒（樹脂款）

材質為飽和聚酯樹脂、ABS樹脂，輕巧方便好攜帶。挑選時不妨留意一下是否為耐熱可微波材質，即使是在學校或公司沒有微波爐，也能早上出門前，將前一晚做好冷藏的便當，微波加熱一下放涼再帶出門。除了能達到殺菌的效果，也能讓米飯更鬆軟好吃。也很建議用來裝冷菜、沙拉、水果或輕食類。有些塑膠便當盒的設計，強調有防漏汁的功能，如果需要帶有湯汁的食物，可以特別挑選這種款式。

○　蒸烤
×　微波
○　不加熱常溫食用

▌琺瑯便當盒

琺瑯為一種化學性安定的玻璃素材，市售餐盒大多是鋼板琺瑯，塗上2～3層琺瑯材質。能蒸、能進烤箱烤，不易沾染食物的味道。單價高、不可微波、避免碰撞，以免造成琺瑯表層的破損。

○ 蒸
○ 微波
○ 不加熱常溫食用

▍玻璃便當盒

玻璃便當盒可分為兩大類：耐熱玻璃和強化玻璃。兩者製作原料和產品訴求都不同，前者是「硼硅玻璃」強調耐高溫，不但可當保鮮盒使用，也可用於烤箱、電鍋。後者為「鈉鈣玻璃」，強調不易因碰撞而破裂。若做為便當使用，則建議選擇耐熱的玻璃材質為佳。缺點就是太重。微波加熱大約3分鐘，可依個人喜好斟酌時間長短。上蓋通常為塑膠PP材質，若要微波或電鍋蒸熱時，需取下上蓋。

▍鋁製便當盒

防蝕鋁材質，質地堅固，表面有氧化膜處理，比起塑膠便當盒更不易受損。細菌因而不易深入沾附，衛生上有保障，具有抗酸特性，幾乎不會出現腐蝕狀況。鋁製便當盒相當耐用、易清洗、保冷度佳。

× 蒸
× 微波
○ 不加熱常溫食用

5 拍照加分小物

▌風呂敷

日本傳統上用來搬運或收納物品的包袱，稱之為「風呂敷」。「風呂」在日文是浴池的意思，「敷く」是鋪平的意思。最早盛行於江戶時代的錢湯（大眾澡堂），民眾都會拿四方巾鋪平後，將衣物包裹起來帶去澡堂更換。隨著錢湯的發展，江戶時代起就將包東西的包巾廣稱為「風呂敷」。

風呂敷的長度從45cm到230cm長的樣式都有，用途也很廣泛。大的風呂敷通常用來包裝禮品或收納和服，又或是當成桌巾使用。小的風呂敷就是我們熟知的，用來包便當或夏季祭典時男子綁在頭上，既能預防頭部的高溫暴曬，又跟和服相當搭配，可增加祭典氣氛。而手帕的用途可是說是最廣泛的，還可當作隔熱毛巾，料理時放在旁邊使用。

個人最常利用風呂敷來包便當，或當隔熱巾使用。拍便當特寫照片時，有風呂敷及筷架的陪襯加分效果十足。每次前往日本旅遊時，都會特地去逛日式雜貨及地方特產店，這些地方均有陳列販售，每每都會在店裡停留許久，忍不住多挑幾枚自用或送禮。

拍照加分小物 筷架

拍照加分小物 風呂敷

Chapter 2 · Ingredients ·

冰箱常備食材
＆常用工具

1 冰箱常備食材

最不可缺的是雞蛋、去骨雞腿肉、雞胸肉、五花肉、花椰菜、四季豆、洋蔥、紅蘿蔔、玉米粒、蔥、毛豆、甜椒以及菇類…等。有了這幾樣，隨時都能變化出一週的便當菜。其中除了雞蛋以外，新鮮的花椰菜、四季豆、甜椒及紅蘿蔔，可以洗淨切小塊冷凍保存。洋蔥跟蔥也可切絲後，分裝成小袋冷凍保存。肉類的保存期限比較長，可大量購買再分裝小袋冷凍保存，需要時適量取出解凍後料理。

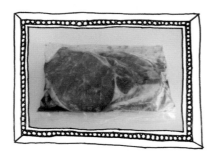 

① **薄切肉片**：豬肉、牛肉

② **厚切肉片**：豬里肌、牛肋條

③ **雞肉**：去骨雞腿肉、雞胸肉、小翅腿

④ **絞肉**：豬絞肉、雞絞肉

⑤ **魚類**：鯖魚片、鮭魚片、真空冷凍熟鰻魚片、土魠魚片、鮪魚片

⑥ **豆製品**：豆腐、豆乾、油豆腐、油豆皮

⑦ **根莖類**：馬鈴薯、紅蘿蔔、白蘿蔔、櫻桃蘿蔔、地瓜、牛蒡、南瓜、玉米、蓮藕、栗子

⑧ **洋蔥**

⑨ **高麗菜、紫色高麗菜**

⑩ **綠花椰菜、白花椰菜**

⑪ **青椒、彩椒**

⑫ **豆芽菜**

⑬ **茄子**

⑭ **牛番茄、迷你小番茄**

⑮ **小黃瓜**

⑯ **菇類**：鴻喜菇、杏包菇、舞菇、金針菇、乾香菇

⑰ **葉菜類**：菠菜、青江菜、小茴菜、大陸妹、美生菜

⑱ **香辛蔬菜**：蔥、蒜、大蒜、薑、辣椒、香菜、青紫蘇葉、薄荷葉、九層塔

香草

加分食材&香草

四季豆、荷蘭豆、蘆筍、甜豆、酪梨、毛豆、秋葵、德式熱狗、竹輪、魚板、檸檬。香草常運用於肉類能提香及增色作用；櫻桃蘿蔔生吃或淺漬都別具風味。

夾鏈袋醃漬物

- 黃金泡菜（夾鏈袋漬物）
- 醬漬溏心蛋（使當副菜）
- 涼拌醃菜心（夾鏈袋漬物）
- 淺漬造型根莖類花朵或小番茄

櫻桃蘿蔔　四季豆　毛豆　荷蘭豆

黃金泡菜

柑橘類

柑橘　金桔　檸檬

檸檬、萊姆、柑橘、金桔類，具有抑菌作用，還能增加色彩。檸檬、萊姆都是可搭配季節性使用的食材。

醬漬溏心蛋

Tips

睡覺時悄悄入味
的便當好伙伴

Tips

特價時不妨多
買來冷凍儲存

明太子

搭配蛋或肉類一起組合非常好吃。
可以冷凍，還能豐富便當色彩。

明太子

涼拌醃菜心

魚板、竹輪、蟹肉棒

魚板

竹輪適合鑲入起司及燙好的蔬菜。火鍋用蟹肉棒則搭配玉子燒增添口感，而魚板可直接切片用來增加便當的活潑度，或用來炒麵豐富口感。

蟹肉棒　竹輪

小番茄

淺漬造型根莖類花朵

各種蛋類

便當不可或缺的良伴，營養豐富可直接煎食或搭配炒青菜，輕鬆攝取蛋白質的來源。

皮蛋
鵪鶉蛋
鹹鴨蛋
雞蛋

罐頭類

豐富味道又能輕鬆取得，保存期限又長，是廚房中常備的良伴。

玉米鮪魚
玉米粒

腰豆
鷹嘴豆

起司類

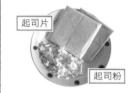

起司片
起司粉

起司粉、起司片、焗烤用起司等，簡單添加就能變化出完全不同的風味。

冰箱冷凍常備肉品

培根火腿、香腸熱狗、去骨雞腿肉、豬絞肉、豬嘴邊肉等，其中火腿或熱狗都是主菜不夠時的好選擇，可以做出許多造型變化。

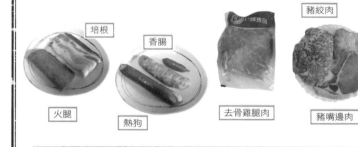

豬絞肉
培根
香腸
火腿
熱狗
去骨雞腿肉
豬嘴邊肉

鮭魚鬆、鮭魚肉

適合用來包飯糰。

鮭魚肉
鮭魚鬆

海苔粉、紫蘇風味飯香鬆

海苔粉是便當中不可或缺的重要配角，能增添香氣。直接撒在飯或飯糰上，或在水煮蛋上沾點水後，撒上海苔粉及鹽巴，瞬間海味十足。搭配肉類或魚類，也能讓味道更具層次感。

各式醬菜

用於填補便當中的空隙，也是開胃又下飯的小菜。可依照個人喜愛選擇不同口味醬菜常備冷藏。

芥末明太子高菜
梅干
榨菜
醃紅薑

白芝麻、黑芝麻

磨成粉後可拌入青菜增添風味，涼拌菜加一點，無論在視覺或味覺上都感覺更加豐富。

黑芝麻
白芝麻

海苔粉

紫蘇風味飯香鬆

2　各式常用調味料

▲ 1大匙=15g，1小匙=5g

慣用調味料一般購自於連鎖超市或量販店，自從愛上料理之後，出國也會多注意異國風味的調味用品，為旅行增添許多樂趣。其次是百貨公司不定期舉辦的異國美食展，也是我經常光顧採買的好時機，不用花機票錢就能取得異國風味食材及調味用品。在IKEA購買的收納盒，方便拿取，是收納的好幫手。平時只要將瓶瓶罐罐整齊分類，一目瞭然，作菜時可以節省許多時間與工序，再也不手忙腳亂。

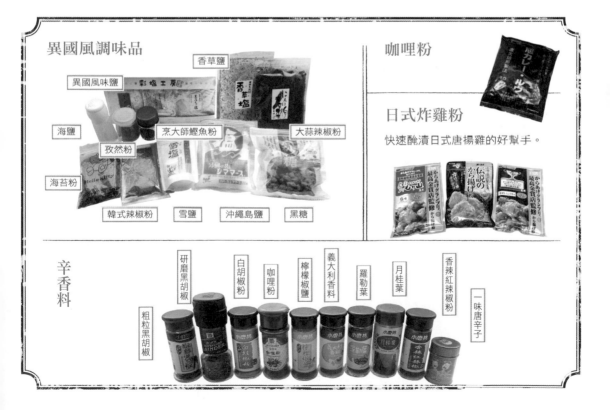

異國風調味品

香草鹽
異國風味鹽
海鹽
孜然粉
海苔粉
烹大師鰹魚粉
大蒜辣椒粉
韓式辣椒粉　雪鹽　沖繩島鹽　黑糖

咖哩粉

日式炸雞粉

快速醃漬日式唐揚雞的好幫手。

辛香料

粗粒黑胡椒　研磨黑胡椒　白胡椒粉　咖哩粉　檸檬椒鹽　義大利香料　羅勒葉　月桂葉　香辣紅辣椒粉　一味唐辛子

味醂　鰹魚醬油　素蠔油　沙茶醬　豆油伯醬油　日本醬油　老滷醬　燒肉醬

慣用調味料

紹興酒　公賣局紅標米酒　工研白醋　工研烏醋　紅酒醋　五印醋　魚露　福源花生醬

芥末籽醬

韓國不倒翁芝麻油　小磨坊蒜風味油　初榨橄欖油　梅爾雷赫　黑麻油　苦茶油　日清食用調理油

沖繩石垣島辣油　S&B辣油　小豆島橄欖油

XO醬　干貝醬
客家油蔥酥　　　　鹽麴
日本能登味噌　　　鰹昆味噌

縮時高湯好幫手

烹大師鰹魚粉（ほんだし）

雞湯塊

縮時醃肉好幫手

燒肉醬

柚子七味粉　檸檬胡椒鹽

糯麥（もち麦）

與白飯一起烹煮時，口感更Q彈，讓冷飯也變得好吃，還可以增加纖維質。

白醬油

涼拌菜或玉子燒製作時添加用，料理不會有太深的醬油色，又能增添風味。

韓式調味料

辣椒醬
韓式芝麻油

3 冰箱分類整理術

冷凍區

我家沒有大冰箱也沒有獨立冷凍櫃，都是運用空間堆疊收納，採買前，記得先檢查冰箱所剩物品後，再進行採購。善用冷凍的抽屜做分類，物品盡量放置固定位子，方便拿取，也好掌控用量，才能明確補充進行採買。

冷藏區

常備菜貼上標籤，清楚寫上品項名稱，也使用堆疊的方式收納。

冷藏門

慣用調味料一般開封後都需要冷藏，置於習慣順手的固定位置收納。

4 肉類、蔬菜、半成品的保存方法

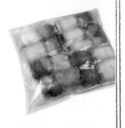

解凍方法
前一晚冷藏
退冰即可。

培根

購買後，拆封將每片捲起
來再冷凍，方便拿取不必
整袋退冰。

雞肉

自賣場購買後，直接一袋袋剪好，用奇異筆在袋上註明購買日
期，冷凍保存，最多保存1個月；如果是在傳統市場購買，洗淨擦
乾再裝袋，一樣在袋上註明購買日期後冷凍保存。

解凍方法
前一晚冷藏退冰即可。

豬、牛火鍋五花肉片

直接原盒冷凍保存即可。若分量較多，則建議分成小
袋封存。假日時可以利用時間，先將前置作業做好，
肉片包入喜愛的蔬菜或蛋，捲起來封存於保鮮密封盒
內，冷凍可保存1星期。讓冰箱隨時有方便的自製半成
品，也是便當縮時的好幫手。

豬里肌、松阪豬

自賣場購買大量豬肉時，建議
1～2片用保鮮或塑膠袋裝起
來，再收納於夾鏈袋中封存。
袋上用奇異筆註明購買日期，
冷凍可保存1個月。也可以事
先醃漬好再冷凍。

解凍方法
前一晚冷藏
退冰即可。

牛排

牛排面積比較大，建議單片
先以鋁鉑紙封起來，再封上
一層保解膜，收納於大型夾
鏈袋，冷凍可保存1個月。多
一層鋁鉑紙，可維持牛肉的
新鮮度，肉質不容易變黑。

解凍方法
前一晚冷藏
退冰即可。

蔬菜水果類

我習慣一星期採買一次食物，並將蔬果洗淨再冷藏，以避免不必要的細菌。蘋果、水梨、柿子及火龍果等，洗淨擦乾再冷藏於蔬果室。而葉菜類則是洗淨瀝乾，封存於活性碳長鮮盒。方便隨時取用，省下不少工序。

使用OXO蔬果活性碳長鮮盒保存，天然椰殼活性碳能吸收植物釋放出的乙烯（植物激素），而乙烯為氣體，因此能釋放至果實外，藉由空氣擴散影響其他果實的生理作用。

譬如說放在冰箱的菜或水果，如果有一把菜快爛掉，就會釋放出乙烯，影響到如香蕉、草莓或其他蔬果，加速老化。

青蔥延長保存法

將青蔥洗淨後稍微瀝乾，並將蔥裁切整齊。保鮮盒底部墊一張沾滿水的廚房紙巾，將蔥放入保鮮盒內保存，一次將蔥洗淨好，很方便隨時取用。照片中的青蔥已是保存3星期，依然維持脆綠模樣。記得紙巾要維持濕潤，乾了要換水喔！

新鮮香草的保存方法

紫蘇、大葉、迷迭香也怕乾燥，在保鮮盒底層，用一塊吸飽水的海綿墊底或沾滿水的廚房紙巾墊底，再密封冷藏。最少能保存14天，海綿乾了記得再補充水分。或可使用玻璃瓶將香草類的根部沾水直放，一樣記得要換水。

5　魚類的保存方法

秋刀魚

- **方法1**：秋刀魚沖洗乾淨後，整尾用保鮮膜包起來，再裝入大型夾鏈袋冷凍。
- **方法2**：秋刀魚沖洗乾淨後去除頭尾再切成2半，以少許鹽和酒稍微醃漬幾分鐘，擦乾水分整齊排放於夾鏈袋內，冷藏3日或冷凍3星期。此法能去腥並讓魚肉更結實，吃起來更美味。

沖洗

去除頭尾

少許鹽及米酒微漬後，裝袋冷藏或冷凍

解凍方法

前1日冷藏解凍（輕輕敲打，用手扳開，取出所需的量）

結晶的酒跟鹽

少許鹽及米酒微漬後，裝袋冷凍，鹽與酒在魚肉表層會產生結晶體，不像水分會凝結成塊，故冷凍後輕敲即可單獨取出，無須整袋退冰。魚類或海鮮類最好趁新鮮食用為最佳，最久冷凍3星期，請盡快吃完。

- **方法3**：秋刀魚洗淨後，去除頭尾，在魚腹上劃一刀，用果醬刀刮除內臟後，均勻塗抹一層鹽巴「鹽漬」，再單片以保鮮膜封起，裝夾鏈袋冷凍。鹽漬法可以長期冷凍保存約2個月。

果醬刀刮除內臟示範

單片封膜好拿取

集中裝袋冷凍

鮭魚 〔大量採購鮭魚時，該如何保存？〕

· Point1：首先將每片魚肉沖水3秒，3秒就好了哦！迅速用廚房紙巾包起來，趁紙巾濕的時候，在表面撒上一層薄鹽。此法稱之為「紙鹽」保存法！

沖水3秒用廚房紙巾迅速包起來

趁紙巾濕的時候在表面撒上一層薄鹽

· Point2：紙鹽處理完的魚裝入夾鏈袋，並註明品項、日期。冷藏保存3日、冷凍保存3星期，海鮮盡量趁鮮品嚐。

冷藏紙鹽鮭魚

冷凍紙鹽鮭魚

冷凍則再用鋁箔紙隔開，或包裹著鋁鉑紙再裝入夾鏈袋、比較好單片取出不怕結塊。

· Point3：廚房紙巾的用意是能吸住腥味，而且經紙鹽處理過的魚肉會更具有光澤。

Tips

千萬別將鹽直接撒在魚肉上，那是鹽漬！趁紙巾濕的時侯撒在紙巾上，能吸附腥味又保鮮。紙鹽處理後，料理時可以直接煎，無須再抹鹽。

冷藏2日的紙鹽鮭魚

光澤度亮又無腥味

紙鹽與鹽漬大不同
在魚肉上撒鹽是鹽漬，而經過冷凍或冷藏的魚肉水分易流失。
紙鹽法冷藏或冷凍，就像是在幫魚肉敷面膜，讓肉質保鮮又發亮！

解凍方法
前一晚冷藏退冰即可。

生魚片等級的鮭魚肉

自賣場購回的生魚片等級鮭魚肉，回家後無須再沖洗，反而易增加細菌。直接切片成切成適合帶便當大小的魚塊，單塊用保鮮膜包起來，再隔著廚房紙巾裝袋保存。冷藏保存3日，冷凍保存3星期。

6 自製萬能醬料

{ 油蔥醬 }

- 蔥…5～6根，切成蔥花
- 鹽…2小匙
- 蒜末…2瓣
- 薑片…3～4片，切末
- 白芝麻油…50cc
- 食用油…50cc

How to make
做法

1 將白芝麻與食用油調勻，下鍋加熱，起泡冒白煙時，表示溫度到達約100℃。

2 迅速將蒜、薑先下鍋，轉小火，再將蔥花下鍋。

3 加入2小匙鹽拌勻後立刻熄火，裝罐冷藏可保存約2星期。可用來拌麵、炒菜、拌青菜、肉類佐料，都很方便實用。

{ 薑蜜 }

材料

- 中薑…1大條

調味料

- 蜂蜜…能淹過薑末的量，本次125g的蜂蜜約用半罐

How to make
做法

1 將薑洗淨，充分擦乾水分，並蔭乾1日後再使用。

2 切除薑皮，再切成大塊狀，以食物調理機攪拌成薑末。

3 準備消毒好的空罐子，將薑末與蜂蜜混合。蜂蜜加入淹過薑末的量即可。冷藏可保存1個月。製作黃金泡菜或薑燒豬肉時，能隨時取出運用，節省許多時間。

2-1

2-2

{ 自製紅酒鹽 } & { 草莓酒香料鹽 }

材料

- 紅酒…100cc
- 鹽…50g
- 義大利香料…適量

How to make
做法

1 熱鍋後倒入紅酒煮沸，加入鹽巴。

2 小火煮6～8分鐘，其間不停的攪拌，至紅酒水氣消失、炒到表面乾爽且呈細砂狀為止。

3 炒好後，裝盤鋪平散熱降溫，再加入適量的義式香料拌勻即可。

1

2

Tips

千萬不能急！小火炒才不易焦。若炒不夠乾，就再裝盤進烤箱以100℃烤1～2分鐘，散熱降溫後，用湯匙把結晶顆粒大一點的鹽壓碎、壓散即可。紅酒鹽也會有微量酒精殘留，未成年者請酌量食用。

{ 蜜漬柚子醬 }

三寶柑，台灣新竹栽種此品種的柚子，
產量稀少。當地人稱之為「甜檸檬」。
用來製成柚子味噌風味特別好，非常適
合用來當小黃瓜或水煮雞肉的沾醬，或
者塗抹在魚肉上做成烤魚料理，魚肉伴
隨著柚子的清香，爽口好吃。

材料

- 柚子…1顆

調味料

- 二砂糖…3大匙
- 蜂蜜…75g

How to make
做法

1 取下柚子皮，並將白色果囊部分確實去除，果囊是造成苦味的主因。

2 再將去除果囊的柚子皮切成細絲，備用。

3 將柚子絲裝入容器，加入二砂糖蜜漬一晚。次
日，糖溶解後，再裝入消毒好的罐子中，加入
75g左右能淹過柚子絲的蜂蜜即可。冷藏可保存
約2個月。

2

3-1

3-2

〔柚子味噌〕

材料
- 柚子…1顆

調味料
- 白味噌…2大匙
- 柚子汁…1大匙

How to make
做法

1 柚子先刨成絲再磨成泥狀，盡量不要刨到白色的果囊，果囊會使味道變苦。‥

2 做法1加入所有的調味料，攪拌均勻即完成。

1

2-1

2-2

〔柚子胡椒〕

日本人把辣椒也稱為胡椒，其實柚子胡椒的材料只有青辣椒跟柚子皮，沒有胡椒哦！柚子胡椒的香氣很迷人，帶點辣又有柑橘的香氣，用來醃肉、涼拌、沾肉片或加入涼麵醬汁裡，別有一番風味。只要是柑橘類的皮，都能用來製作，例如：三寶柑、香檬。

材料

· 柚子皮，去除白囊…40g
· 青辣椒…40g（約30小條）

調味料

· 鹽…20g （可試味道後自行調整）

1　　2　　3

How to make
做法

1 青辣椒洗乾淨擦乾後，切開去籽。請帶手套進行作業，否則會辣手。萬一手不小心摸到眼睛，眼睛會很痛又辣。

2 柚子皮與青辣椒用食物調理機攪碎，再用磨泥器盡量磨成泥。（沒有食物調理器者，則切碎後再用刀盡量剁成泥狀即可）

3 加入鹽攪拌均勻，裝入消毒乾淨的空瓶保存。冷藏2日，待風味熟成後再食用。冷藏能保存2星期、冷凍能保存1年。建議分裝冷凍保存取用。

柚子胡椒涼麵醬汁

日式濃縮鰹魚醬油加入少許蔥花、適量的柚子胡椒，再以冰塊稀釋，即成為高雅清香的柚香涼麵醬汁。個人覺得比加薑泥或芥末泥的醬汁更為順口，風味極佳。帶點微微的辣度，每一口柚香都傳達至鼻腔，卻不似芥末般嗆鼻。

〔和風高湯〕

〔簡易版〕

材料

- 開水…200ml
- 市售柴魚片…1小包
- 昆布…10cm大小1片

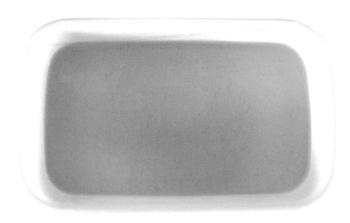

How to make
做法

1 材料裝入容器中，
  浸泡1晚後，過濾掉
  柴魚及昆布，取出
  清澈高湯即完成。

1-1

1-2

〔進階版〕

材料

- 沙丁魚乾…8～10尾
- 魷魚乾…1尾（中型）
- 開水…700cc～800cc

How to make
做法

1 將所有材料洗淨冷
  藏，浸泡一晚或8
  小時以上。

2 過濾後就是金黃色
  澤的湯頭。

1

2

Tips

個人喜歡用浸泡的方式製作，湯頭會比煮過的更清澈。
湯頭很濃郁，請稀釋後再使用。取出湯頭後的魚乾及魷
魚乾可別丟掉哦！可以拿來做佃煮沙丁魚&魷魚。

{ 涼拌醃菜心 }

材料

- 菜心…2條
- 鹽…1大匙

調味料

- 蒜末…2瓣
- 辣椒…少許，切圈
- 香油…1大匙
- 香菜末…依喜好添加

How to make
做法

1　菜心洗淨去除表面粗皮，橫放在桌上比較好削皮，也不易斷裂。

2　確實削淨表皮，至看不到白色纖維為止，再切成0.2cm左右的薄片，加入1大匙鹽抓勻後，靜置10分鐘去除生澀味。

3　靜置10分鐘後，將漬出來的鹽水倒出瀝乾。加入調味料拌勻即可。鹽水倒掉後無須沖洗，直接調味即可，所以不必再放鹽巴。

Tips

＊喜歡香菜者，也可拌入香菜末增添香氣。冷藏保存約7日。
＊可以取部分菜心片壓花一起醃漬，裝飾便當使用。

{ 柚子風味淺漬白蘿蔔 }

材料

- 白蘿蔔…1/2條，約500g
- 柚子…1顆

調味料

- 鹽…1大匙
- 砂糖…50g
- 蘋果醋…3大匙
- 蜂蜜…1大匙
- 柚子汁…適量

How to make
做法

1 將白蘿蔔洗淨去皮後，切成每片約0.1cm左右的薄片，也可切成長度約3cm的長條狀，加入1大匙鹽巴，靜置10分鐘去除生澀味。

2 取出柚子汁備用，1顆柚子約有半碗的果汁量。並取半顆柚子皮，將內層的白囊部分去除，只取外皮黃色部分，切成細絲備用。

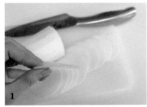

3 取一小鍋，小火將蘋果醋及砂糖煮溶解後，熄火，加入柚子絲、柚子汁及蜂蜜攪拌均勻後放涼備用。

4 將做法1的白蘿蔔去除水分擰乾，放入放涼的做法3，浸泡半日以上，即可食用。

{昆布風味油菜花}

材料

- 乾燥昆布…約20cm、5片
  （洗淨擦乾後，加入2大
  匙米酒泡開備用）
- 油菜花…1把
- 鹽…適量

How to make
做法

1　將油菜花洗淨後，梗與花葉分開。

2　滾水裡加一點點鹽巴，梗的部分先下鍋燙約40秒左右，再將花的部分入鍋燙
　　約20秒左右。

3　燙好後迅速取出冰鎮，以保持翠綠及脆度。

4　冰鎮後，將油菜花確實擰乾。

5-1

5-2

6

7

5 取一張約50cm長的保鮮膜墊底，昆布鋪上後，撒上一點點鹽巴，再擺放油菜花並撒上少許鹽巴，逐層的依序擺上油菜花→昆布→油菜花，每層都適量撒少許鹽巴。

6 材料逐層堆疊好之後，將保鮮膜封緊，裝入夾鏈袋或容器中冷藏一晚。

7 次日取出即可食用，冷藏能保存7日，可一次多做一些量備用。油菜花會帶有昆布的香氣，是很高雅的一道配菜，搭配便當更是加分。

Tips

* 速成版：也可預留一部分的油菜花與昆布絲，一起裝入夾鏈袋，加入少許鹽巴，揉一揉外袋，讓鹽巴均勻分布比較好入味。

* 昆布能直接食用，也可運用於煮湯品或滷昆布。

{黃金泡菜}

材料

- 大白菜…1顆
- 紅蘿蔔…半條
- 蘋果…1小顆
- 細砂糖…100g
- 豆腐乳…3塊
- 薑片…4～5片
- 蒜頭…8～10顆
- 辣椒粉…適量
- 芝麻油…100g
- 鹽…1大匙
- 蘋果醋或米醋…120g

How to make
做法

1　大白菜先剖成對半，再劃3刀切成塊狀。

 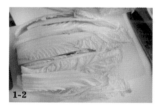 

2　將大白菜稍微沖洗乾淨，瀝乾多餘水分。

3　取一乾淨的大塑膠袋，將大白菜裝入，加入1大匙的鹽巴，將袋子吹氣後，搖動袋子，讓大白菜和鹽混合均勻。靜置10分鐘。

 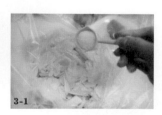 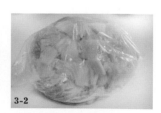

4 將紅蘿蔔切絲後，起油鍋爆炒一下。

5 將剩於所有食材和炒好的紅蘿蔔絲，用食物調理機或果汁機打成泥狀醬料。

6 靜置10分鐘的大白菜無須沖水，使用紗布擰乾水分。

7 將做法6的大白菜分裝於夾鏈袋內，再淋上打好的泥狀醬料，混合均勻即可。

Tips

做好的黃金泡菜大約能保持5～7天，建議泥狀醬料可多做起來一份一份分裝冷凍保存。
需要時於前一晚冷藏退冰，直接淋在蔬菜上即可食用。泥狀醬料確實密封好，冷凍能保
存2個月，但還是建議盡早食用完畢為佳。

延伸變化 ｛黃金泡菜風味小黃瓜｝

材料

· 小黃瓜…1條　· 鹽巴…1小匙　· 泥狀醬料…1大匙

How to make
做法

1 將小黃瓜切成圓片狀，加入鹽巴去除生澀味，靜置5分鐘。

2 靜置後，將小黃瓜確實擦乾水分，並淋上黃金泡菜的泥狀醬料，即完成。

〔淺漬造型根莖類花朵〕 〔製作示範〕

材料

- 舉凡根莖類食材，例如：南瓜、紅或白蘿蔔、菜心、椰菜梗、地瓜、小黃瓜…等，均適用。（地瓜或南瓜類，刻好後直接蒸熟或煮熟瀝乾，即可使用）

How to make
做法

1 首先用壓模工具壓出花瓣造型。

▼ 上方是未切割的平面版本；下方是切割過的立體版本。

2 花瓣之間各劃一刀（黑箭頭處），接著在每個下刀處斜角切一刀，並將切斷的食材取下。（白箭頭處）

Tips
剩餘的碎屑請勿浪費，能利用來煮湯或跟白米飯一同炊煮。

3 梅花造型還能將上端完全切除，變成立體的蝴蝶造型。

延伸做法

淺漬紫色甘藍菜時，可以將漬出來的紫色湯汁當成天然染料。將做好的白蘿蔔花瓣，放入紫色湯汁浸泡1晚，能渲染出美麗的淡紫色。浸泡3～4日以上，則呈現出高雅的深紫色花瓣。

How to make
紫色做法

1 將白蘿蔔立體櫻花切好，表面撒上一點鹽，靜置10分鐘。

2 紫色甘藍菜洗淨瀝乾水分，切成細絲後，撒一點鹽巴用手抓勻後，靜置10分鐘。

3 將除了鹽之外的所有調味料，與做法1、2拌在一起，裝盒冷藏，可保存1個月。白蘿蔔跟紫色甘藍菜一起淺漬，剛開始會呈現淡紫色，時間久後漸漸入味，會呈現跟照片一樣的深紫色。期間蘿蔔用完後可以再加入浸漬，用乾淨筷子翻動，使顏色染勻。不翻動，則有漸層的美。

材料

· 紫色甘藍菜…1/4顆
· 白蘿蔔…1/5條

調味料

· 鹽…少許
· 蘋果醋…2～3大匙
· 蜂蜜…1大匙
· 糖…1小匙。

材料

· 紫色甘藍菜…1/5顆
· 白蘿蔔花…數朵
· 水…300ml

調味料

· 糖…2小匙
· 白醋…2大匙
· 蜂蜜…2大匙

How to make
粉紫色做法

1 將紫色甘藍菜洗淨切成細絲，加入300ml水，煮軟、瀝乾備用。

2 拌入調味料拌勻，放入數朵白蘿蔔花一起浸泡即可。煮過再醃漬的紫色甘藍菜，色澤比較沒那麼深，淺漬出來的白蘿蔔會略帶粉紫色。泡久了顏色也不至於過深，口感也較軟些，但一樣清爽好吃。（圖為浸漬第1日，隨著時間久、浸泡時間長，色澤會更鮮艷。）

How to make
淺紅色做法

1 可以將刻好的紅或白蘿蔔花，加少許鹽靜置10分鐘去除生澀味，倒掉鹽水無須沖洗，直接加入P.176的梅漬蜜番茄糖水浸泡即可。

2 也可與市售紅薑一起浸漬，時間拉長後，就會呈現漂亮的淺紅色。

{ 油醋醬漬紫色高麗菜 }

材料

- 紫色高麗菜…1/4顆
- 月桂葉…1片

調味料

- 橄欖油…2大匙
- 純米醋…3大匙
- 三溫糖（或二砂糖）…2大匙
- 蜂蜜…1大匙
- 檸檬汁…2小匙
- 鹽麴…1小匙

How to make
做法

1 紫色高麗菜切細絲，汆燙20秒後，以冷開水沖涼、擰乾。（注意別汆燙太久，會失去口感）

2 擰乾的紫色高麗菜，再用廚房紙巾吸乾水分，備用。

3 調好所有調味料，加入月桂葉。將做法2的紫色高麗菜裝入塑膠袋中，與調味料混合並且輕輕揉勻，靜置1晚，再另用容器裝盒保存。冷藏可保存2星期。

4 做法1汆燙的水，可以待涼後裝罐保存，含有花青素，可直接飲用；也可用來煮涼麵，麵會呈現出美麗的淡紫色。

延伸做法 { 淺漬粉紫白蘿蔔絲 }

材料

- 白蘿蔔絲…半碗
- 蘿蔔刻花…數朵
- 鹽…1小匙

調味料

淺漬紫色高麗菜所剩的醬汁

How to make
做法

1 蘿蔔絲加入1小匙鹽去除生澀味，靜置10分鐘，將鹽水倒掉，並擰乾蘿蔔絲水分。

2 加入調味料拌勻即完成。浸漬越久、顏色越深。

{ 立體小黃瓜花朵 }

TIPS
此方法也適用於水煮蛋及奇異果，
但刀要更換成小型水果尖刀來製作。

材料

· 小黃瓜…1根　· 筆刀

How to make 做法

1 將小黃瓜切成約3cm長度。

2 橫向中間處，以筆刀刺出V字刀，連續
刺一圈，再用刀背輕輕往上提，方可
輕鬆將小黃瓜上下分離，即可完成2個立體小黃瓜花朵。

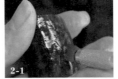

{ 水煮蛋＆鵪鶉蛋花朵 }

材料

· 水煮蛋　· 吸管

How to make 做法

1 依照蛋的大小，
使用大小不同的吸管製作，將吸管先
裁剪成3cm長，剪對半成半圓弧狀。

2 輕輕地、有規則的，順著蛋的中間整
齊壓一圈。壓滿一圈即可輕鬆分離。

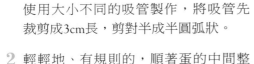

3 再用黑芝麻排成梅花造型，點綴在蛋黃處，更能提升便當的精緻度。

4 紫色鵪鶉蛋是將水煮蛋浸泡在煮紫甘薯的水中冷藏一晚，即可呈現出繽紛的淡紫
色。很適合用來製作復活節的彩蛋。

｛蘋果果雕：格子蘋果｝

水果除了用造型壓模壓花之外，也能做成果雕。適合果雕的水果有蘋果、芭樂。主婦偶爾也會有不小心失手，便當做出來配色不夠好看，這時果雕就是單調便當的救星，在視覺效果上很加分，也很適合運用在單品便當中。

2-1

材料

・蘋果　・筆刀　・鹽水…適量的冷開水，加1大匙鹽巴稀釋

2-2

How to make
做法

1　將蘋果切塊，浸泡在鹽水中。
2　用筆刀在蘋果上，整齊劃出格子紋路。
3　再將間格處，不需要的果皮取下，即可完成格子蘋果。

3

｛蘋果果雕：兔子蘋果｝

材料

・蘋果
・一般水果刀
・鹽水…適量的
　冷開水，加1
　大匙鹽巴稀釋

How to make
做法

1　蘋果切成1/10大小。中間處，劃上淺倒V。
2　由右往左削0.1cm厚度，削至V刀的尖端處，就能簡單將果皮取下，即完成可愛的兔子蘋果。
3　製作好後，泡入鹽水防止氧化。

1-1

1-2

2-1

2-2

2-3

8 愛用的廚房工具小物

生食熟食砧板分開

刀具與磨刀器

好用又順手的刀具,搭配磨刀器能讓做菜上手又快速。

慣用廚房鍋具

- 9公分玉子燒鍋: 一顆蛋也能做出軟嫩的玉子燒。
- 小平底鍋:能一鍋到底,先煎蛋再燙少許青菜。
- 煎鍋:可炒飯、炒菜完,順便煎肉排。

中華炒鍋

熱炒或煮2人份以上炒飯或麵時的好幫手。

瀝乾青菜的竹籃

醬汁鍋、小湯鍋

- 藍色醬汁鍋:煮醬汁用,用不完還能拆卸握把後,封上保鮮膜直接冷藏儲存。琺瑯材質鍋需退冰後再加熱,才不會爆裂。
- 綠色片手湯鍋:煮單人湯品時使用。
- 橘色醬汁鍋:小湯鍋兼醬汁鍋。

新鮮竹葉

提升便當高級感,加分效果十足。

耐熱矽膠油刷

矽膠密封袋

炊飯大小陶鍋與鑄鐵鍋

烤箱與電子鍋

測量工具

各式造型飯模

便當吸睛度破表的祕密武器，收納時建議原盒原位裝好，再整齊排列於抽屜或櫃子裡，才不會找不到配件。

其他

備料琺瑯盆具

磨泥小道具

長筷

耐熱矽膠刷

夾子

濾油盤

耐熱矽膠攪拌匙

便當盒常用小物與加分小道具

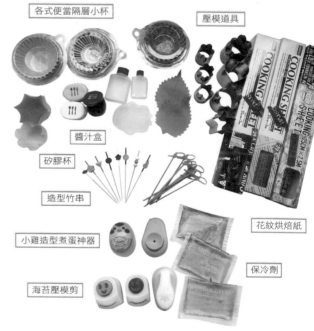

各式便當隔層小杯

壓模道具

醬汁盒

矽膠杯

造型竹串

花紋烘焙紙

小雞造型煮蛋神器

保冷劑

海苔壓模剪

花樣造型打洞器

適合用來打竹葉及海苔，豐富便當的視覺效果及精緻度。

Chapter 3 · BEST 10 ·

人氣便當BEST 10

1 家常炸豬排便當

市面上的豬排便當，不是油耗味太重、就是粉裹太厚，不只令人擔心油品的來源，也擔心攝取過高的熱量。何不自己動手試試？其實一點也不難！使用安心的油品及醬料，少油即可做出自家風味的美味豬排飯。

材料

- 豬里肌肉厚切…2片

醬料

- 市售燒肉醬…2大匙
- 耐高溫油品…1/3碗
- 木薯粉…適量

How to make 做法

1 厚切豬里肌用市售燒肉醬2大匙醃漬1小時以上（或以醬油2大匙、味醂1小匙、蒜泥1小匙醃漬）

2 油炸前均勻拍上一層地瓜粉或木薯粉，靜置1分鐘反潮再炸，麵衣才會緊緊包覆著肉排。

3 平底鍋倒入耐高溫油炸的油約1/3碗，可以淹過肉一半的油量。

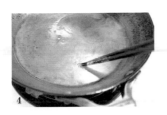 

4 使用筷子測試溫度，冒泡泡表示油溫夠熱，即可將肉下鍋，以半煎半炸的方式油炸。不會浪費過多的油，也沒有剩油處理的問題。

5 中火進行油炸，冒大泡泡時先熄火1分鐘，此動作是防止油溫持續上升。熄火後再重新開中火，翻面炸1分鐘。最後再熄火利用餘溫煎2分鐘。

Tips

肉冒泡泡時表示油溫大約在100℃，這個溫度炸2分鐘再翻面，讓麵衣定型。使用夾子跟鏟子輔助，輕輕翻面，麵衣才不易破掉。

Tips

開大火讓鍋中溫度拉到180℃，表面酥脆即可起鍋。

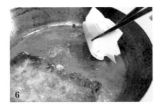  

6 煎的同時，別忘記用廚房紙巾將小碎屑擦乾淨，才不易焦鍋。

7 開始加熱7～8分鐘後油量會減少很多，到表面呈金黃色時開大火，雙面各煎30秒。

8 靜置約2分鐘後再切，肉與麵衣比較不容易散開。

配菜

CH5 ·	玉子燒 → 蛋料理 → P150
CH2 ·	淺漬造型白蘿蔔 → 夾鏈袋及盒裝漬物 → P50
CH4 ·	麻油風味炒水蓮 → 副菜 → P136

2 和風炸雞便當

材料

· 去骨雞腿肉⋯1片
· 炸油⋯1/2碗

醬料

· 酒、醬油⋯各2小匙
· 蒜泥、薑泥⋯各1小匙

炸粉

· 片栗粉⋯3大匙
· 麵粉⋯2大匙

永不失敗的便當下飯菜單品,大人小孩都喜歡,也是在粉絲專頁上,粉絲們詢問度第1名的戶外教學必備菜色!

How to make
做法

1-1

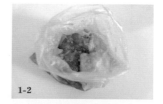
1-2

1 將去骨雞腿肉切成約8～9塊的適口大小,裝入塑膠袋中,加入酒、醬油,各2小匙,蒜泥、薑泥各1小匙,醃漬30分鐘以上。

2 炸粉材料拌勻，將雞皮包裹著雞肉，再均勻拍上一層拌好的炸粉。此方法能將皮炸脆，內部雞肉有外皮包裹，吃起來更顯外酥內多汁。

3 鍋中倒入約半碗能蓋過肉一半高度的油量，加熱到起泡泡時表示油溫已提高，此時先熄火。

4 輕輕將沾好粉的雞肉下鍋後，再開中火反覆翻面炸約4分鐘，帶外觀呈金黃色即可。再以160℃烤箱烤1分鐘逼油，以確保肉質熟透，且外酥內嫩。

Tips

一般油炸時我都用最小的鍋子，倒入蓋過肉約1/3的油量進行油炸。炸過1次的油過濾後，用來炒菜不用擔心廢油問題。

配菜

CH5·	CH4·	CH4·	CH4·	CH4·
玉子燒	焗烤馬鈴薯球	涼拌紅蘿蔔絲	高湯燙花椰菜	柚香金時地瓜
蛋料理 → P150	副菜 → P135	副菜 → P122	副菜 → P134	副菜 → P127

3 香煎脆皮雞排便當

只要一只平底鍋,就能煎出迷人的鐵板燒口感爽脆度。掌握訣竅,您也辦得到,快著手一試讓家人驚豔!

材料

- 去骨雞腿…1片
- 鹽、胡椒粉…少許
- 油蔥醬…1大匙
  （請參考P.38）

How to make
做法

1 去骨雞腿排的表面均勻撒上少許鹽、胡椒粉,肉面劃上數刀淺格子。

2 平底鍋塗上一層薄油,將雞皮面朝下,以中小火煎5分鐘,再翻面煎2～3分鐘。前5分鐘不翻面,是為了把皮的油逼出來,煎到表面酥脆。

3 盛盤靜置1分鐘,等待熟成。肉汁與油脂釋出後再切片,並淋上油蔥醬,即完成。

配菜

CH4 ·	蔥花菜脯厚蛋燒 → 蛋料理 →	P157
CH4 ·	涼拌紅蘿蔔絲 → 副菜 →	P122
CH4 ·	小黃瓜番茄炒雪白菇 → 副菜 →	P122
CH2 ·	涼拌醃菜心 → 夾鏈袋及盒裝漬物 →	P44

4 和風漢堡排便當

絞肉除了用來炒肉末及滷肉燥之外，最喜歡做成漢堡排冷凍備用。
臨時想不到準備什麼主菜時，漢堡排就是最能撐得住場面的主角！

【示範1】

【示範2】

主菜

CH4· 和風漢堡排 → 主菜 → P80

配菜

CH4· 玉子燒 → 蛋料理 → P150

CH4· 小蘋果造型風味卷 → 副菜 → P124

CH4· 柚香金時地瓜 → 副菜 → P127

CH4· 燙甜豆及玉米筍

主菜

CH4· 和風漢堡排 → 主菜 → P80

配菜

CH4· 醬漬溏心蛋 → 副菜 → P174

CH4· 柚香金時地瓜 → 副菜 → P127

CH4· 涼拌紅蘿蔔絲 → 副菜 → P122

CH4· 麻油風味炒水蓮 → 副菜 → P136

5 牛排便當

牛排是犒賞家人的最佳選擇，教大家如何利用普通的牛肉，輕鬆做出餐廳
等級的嫩口舒肥牛排。做法簡單，便當美味又升級。

· 舒肥牛排 （無須舒肥機簡易低溫烹調法）

2 人份

材料

- 好市多Choice翼板牛肉…2塊（約600g，1塊約寬5cm、高3cm、長度13～15cm）
- 美國Stasher矽膠耐熱密封袋…1個
- 蔥花…少許

調味料

- 醬油…2大匙
- 味醂…1大匙
- 蒜泥…2大匙
- 米酒…1小匙

How to make 做法

1 將牛肉最大面積的2面各煎40秒，其他4面各煎20秒。

2 裝入耐熱密封袋中，並加入所有調味料。將空氣排出來後封緊。

3 電子鍋內鍋注入95～100℃的熱水，將密封好的牛肉放入鍋中。

4 蓋緊鍋蓋後，按保溫鍵，計時30分鐘。

5 時間到達後，取出靜置10分鐘，待餘熱熟成，或放到涼使醬汁更入味，再切片。（可冷藏保存2日，常溫退冰後再切薄片）

6 白飯裝盛好後放涼，鋪上一層美生菜增加蔬菜量，再擺上切薄片的牛肉，淋上一點醬汁、撒上蔥花，擺上切半的溏心蛋，即完成簡單美味的牛排便當。

Tips

舒肥牛排可一次多做幾份當成常備菜食用，以矽膠耐熱密封袋原袋冷藏，可保存2日。食用前常溫退冰，或直接用烤箱160℃加熱1分鐘，靜置於烤箱內1分鐘溫熱，再取出切片。風味不變，一樣嫩口的6～7分熟牛排。

配菜

CH4·
醬漬溏心蛋
蛋料理 → P174

CH2·
淺漬花朵造型根莖類
夾鏈袋及盒裝漬物 → P50

6　家常肉燥飯便當

個人認為主婦偷閒的三大名菜有：肉燥飯、咖哩飯及馬鈴薯燉肉。三者皆
是煮一鍋可以撐上一星期的便當良伴。滷一鍋肉燥，可依各家庭喜好加入
油豆腐、雞蛋、白蘿蔔或豆乾…等，豐富桌上的菜色。

材料

· 豬絞肉…200g
· 豬皮…200g
（肥瘦比例1：1，不喜
歡豬皮者可以使用全瘦
絞肉400g）
· 水煮蛋，去殼…3～5顆

調味料

· 老滷醬…85cc（1/2量米杯）
· 水…170cc （1量米杯）
· 油蔥酥…2大匙
· 細冰糖…1大匙
· 紹興酒…2大匙

How to make
做法

1 豬皮燙熟後，將裡層的油脂去除乾淨，只取皮的部分，切成約1cm大小的丁狀
備用。

2 平底鍋少油熱鍋後，煸香豬絞肉，待絞肉呈白色狀後，加入切好的豬皮、細
冰糖1大匙，煸香至呈焦糖色。

3 加入2大匙的油蔥酥炒香，再加2大匙的紹興酒炒出香氣。

4 將平底鍋中所有食材換到小陶鍋中，平底鍋內加一杯水，攪拌後將鍋中精華
一起倒入陶鍋內。

5 陶鍋加入水煮蛋、半杯老滷醬，沸騰後轉小火煨煮20分鐘即可。可搭配炒酸
菜（P.123），以完美平衡肉燥的油膩感。

7 肉末三色丼

材料

- 豬絞肉…50g
- 蛋…1顆
- 油菜花…1小把
- 蒜末…1小匙

調味料

- 芝麻油…1小匙
- 醬油…1大匙
- 米酒…1小匙
- 糖…1小匙
- 味醂…1小匙
- 鹽…少許

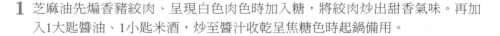

賞心悅目又簡單美味的丼飯,非三色丼莫屬了。鹹香下飯的豬肉末,配上鬆軟的雞蛋鬆,再加上炒得脆口的油菜花,結合在一起就是完美的三重奏。

How to make
做法

1 芝麻油先煸香豬絞肉、呈現白色肉色時加入糖,將絞肉炒出甜香氣味。再加入1大匙醬油、1小匙米酒,炒至醬汁收乾呈焦糖色時起鍋備用。

2 打一顆蛋,加入味醂及鹽巴攪拌均勻。熱鍋後,倒入少許油塗抹均勻,轉小火將蛋液下鍋,取4根筷子快速不停攪拌,將蛋炒散成蛋鬆狀態,起鍋備用。

3 油菜花切成約1cm細丁狀,爆香蒜末後加一點點鹽巴,再將油菜花下鍋快炒。炒熟後起鍋備用。

4 備好三色丼的所需配料後,依個人喜好整齊擺盤,只要區分出顏色即可。中間擺上一顆梅漬蜜番茄P.176,具有促進食慾、畫龍點睛的效果。

Tips
鹽巴在青菜之前先下鍋,調味較能分佈均勻。

8 馬鈴薯燉肉便當 〔製作示範〕

煮好即食，隔日吃更美味的一道下飯菜。日本女生結婚前，都會被問到「馬鈴薯燉肉學會了沒？」這道菜就好比是台灣人的肉燥飯！只要燉煮一鍋，蔬菜跟肉都有了，簡單就能餵飽全家人的胃。

材料

- 豬里肌肉片…1盒（或豬五花肉，口感更軟嫩，只是湯汁會比較油）
- 蒟蒻絲…1盒
- 洋蔥…1/2顆～1顆
- 馬鈴薯…2顆
- 紅蘿蔔…1/2條
- 鵪鶉蛋…1袋（12顆）
- 甜豆或四季豆…適量

調味料

- 鰹魚醬油…3/4量米杯
- 味醂…1大匙
- 水…2杯
- 糖…3小匙

How to make 做法

1 將馬鈴薯及紅蘿蔔切成大丁備用。詳細做法請參考CH4便當主菜P.86。

2 將所有材料（甜豆除外）及調味料均放入鍋中，蓋上鍋蓋，以中小火燉煮約15分鐘後熄火。燜半小時即可食用。若時間允許，燜到下一餐再食用會更入味。

3 裝盤時，再將燙好的甜豆加入擺盤，即完成。

9

醬燒豬肉飯糰便當

2
人份

豬五花肉與白飯是最對味的組合，用醬燒的方式多
點小巧思，將兩者結合起來，保證讓人胃口大開。

材料

- 豬五花肉片或豬里肌肉片⋯8片
- 白飯⋯2碗
- 太白粉⋯少許

調味料

- 醬油⋯2大匙
- 水⋯1大匙
- 糖⋯1小匙
- 太白粉水⋯1小匙

How to make
做法

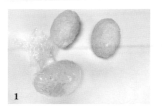

1 白飯2碗分成4等份，用保鮮膜捏好塑形製成4顆飯糰。

2 用豬肉片將飯糰包裹起來，於表層拍上少許太白粉。

3 取一小鍋，將所有調味料先煮成醬汁，備用。

4 將做法2的豬肉飯糰下鍋，以中小火煎到表面呈金黃色，再將做法3的醬汁倒入鍋中醬燒，至全體呈焦糖色的醬色後起鍋，並於表面撒上一點白芝麻。

Tips
建議先將玉子燒製作完成後，直接用玉子燒鍋來料理，可以少洗一個鍋具。

配菜

CH4·	CH4·	CH2·
明太子玉子燒	高湯燙花椰菜	淺漬花朵造型蘿蔔
蛋料理 → P152	便當副菜 → P134	夾鏈袋及盒裝漬物 → P50

10

蛋包飯便當

蛋包飯的外型討喜，喜歡吃
蛋的朋友一定不能錯過。15
分鐘即能完成美味的蛋包飯
便當，一直都是很受歡迎的
料理之一。

材料

A ┌ ・蛋…1顆
  │ ・水…2大匙
  │ ・太白粉…1小匙
  └ ・鹽…少許

・番茄醬炒飯…適量（加洋蔥、
　蔥花、熱狗或雞肉丁，將飯炒
　好再加番茄醬拌炒）

・保鮮膜…30×30cm1張

How to make
做法

1 將材料A攪拌均勻，熱鍋後加入1大匙油抹勻，再轉微火將A蛋液倒入鍋中。

2 蛋液均勻分布於鍋中後，微火蓋上鍋蓋，燜煎30秒，熄火。餘溫繼續等待30秒。

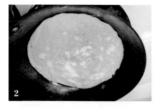

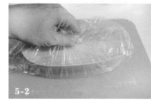

3 用筷子從鍋邊翻起，將做法2的蛋皮取出，平鋪於保鮮膜上。

4 在做法3放上適量的番茄醬炒飯，再將蛋皮邊邊向內折。

5 將便當盒倒扣於做法4上，提起保鮮膜，小心翻面，即可將蛋包飯整齊地裝入便當盒內。

Tips
加入太白粉，可使蛋皮更有張力，不容易破損。

配菜

CH4·	CH4·	CH4·
涼拌紅蘿蔔絲	涼拌黃豆芽	馬鈴薯咖哩炒松阪豬
副菜 → P122	副菜 → P177	主菜 → P95

Chapter 4 · One Week ·

一週常備菜
與便當示範

便當主菜

1 日式唐揚雞（市售炸雞粉版本）

2人份

醃漬
冷凍保存
2星期

材料

- 去骨雞腿肉…1片
- 市售日式炸雞粉…1/4包
- 水…25cc
- 片栗粉…少許
- 油…半碗

Tips

＊沒有把握確定炸熟的話，可再用烤箱以160℃烤1分鐘，還可將多餘的油脂逼出。
＊開封的炸雞粉請冷藏保存。

How to make
做法

1 去骨雞腿肉切成8～9塊，裝入容器中，加入炸雞粉1/4包、水25cc調勻，醃漬1小時以上。

2 將醃漬好的雞肉塊攤開，用雞皮將肉的部分包起來，再均勻拍上一層薄薄的片栗粉。此方法能將皮炸脆，雞肉有外皮包裹起來更顯外酥內多汁。

3 用小的深鍋，倒入半碗能淹過肉一半高度的油量，加熱到起泡泡時，表示油溫已拉高，此時先熄火，避免油溫持續升高。

4 輕輕將沾好片栗粉的雞肉放入鍋中排好，再開中火炸約4分鐘，呈金黃色即可。

延伸做法
｛海苔風味唐揚雞｝

做法

1 做法跟日式唐揚雞相同，只是在做法1的片栗粉中，加入1大匙的海苔粉拌勻。

2 金時地瓜豬肉卷

2人份

冷凍保存
3星期

便當一主菜

材料

- 豬五花肉片⋯1盒
- 蒸熟的金時地瓜⋯1條

醬料

- 鰹魚醬油⋯少許
- 白芝麻⋯適量

How to make
做法

1 用豬五花肉片,將蒸熟切成3cm長條狀的金時地瓜捲起來。

2 可多些當成常備菜使用,以夾鏈袋封存,冷凍保存3星期。要使用時,記得前1日冷藏解凍。

3 將捲好的金時地瓜豬肉卷,表面拍上少許麵粉。

4 熱鍋後倒入少許沙拉油,豬肉卷的接合面朝下,以中小火煎,不要急著翻面。

5 待接合面煎熟後自然黏合,再輕輕翻面將整體煎到表面金黃色,加入少許日式鰹魚醬油醬燒一下,再撒上一點白芝麻增添風味。

3 南瓜鑲肉

2人份

冷藏保存
3日

材料

- 小南瓜…1/2個（400g）

內餡

- 豬絞肉…150g
- 玉米粒、四季豆丁、紅蘿蔔丁…適量

醬料

- 醬油…1大匙
- 太白粉或地瓜粉…1大匙
- 米酒…1小匙
- 鹽…少許

How to make
做法

1 南瓜去籽不去皮，內部拍上一層太白粉或地瓜粉當接著劑。

2 將內餡的所有材料與醬料攪拌均勻，打出黏性。（本次的絞肉量可留一半，另做高麗菜燒賣。若只想做南瓜蒸肉，則所有材料及醬料自行減半即可。）

3 將調味好的絞肉鑲入南瓜中，裝入耐蒸容器。

4 電鍋外鍋加入1½杯水蒸熟，待涼了之後，再分切即可。

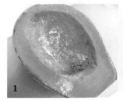 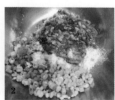  

Tips
沒有電鍋者則使用隔水蒸熱法，大概要蒸上30～40分鐘南瓜才會軟透。

便
當
主
菜

4 高麗菜燒賣

2人份

冷凍保存
3日

材料

・高麗菜燒賣

A ┌ ・豬絞肉…75g
  │ ・玉米粒、四季豆丁、
  └ 紅蘿蔔丁…適量

調味料

・醬油…1/2大匙
・太白粉或地瓜粉…1/2大匙
・酒…1/2小匙
・鹽…少許

How to make
做法

1 將A的所有材料攪拌均勻,打出黏性。

2 高麗菜葉先蒸好,待涼備用。

3 將高麗菜葉捲成碗狀,再將絞肉填入高麗菜內。

4 將包好的高麗菜燒賣整齊地排放在耐熱容器內,電鍋外鍋半杯水,蒸熟即可。

Tips

用大姆指將高麗菜捲成中空狀,再將兩側其中一端收尾,往內塞,將底部形成碗狀,再填入絞肉。

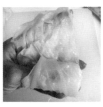  

5　和風漢堡排

6顆份

冷凍保存
1個月

材料

- 混合牛肉和豬肉的絞肉…300g
  （牛7：豬3的比例）
- 洋蔥…1/2顆
- 麵包粉…1/2杯
- 牛奶…50cc
- 蛋…1個
- 鹽…少許
- 黑胡椒粉…少許

調味料　（2顆份）

- 橄欖油或沙拉油…適量
- 奶油…1小塊
- 紅酒醋…1小匙
- 醬油…1大匙
- 伍斯特醬…1大匙
- 鴻喜菇…1/3包
- 芥末籽醬…1小匙
- 夷蝦蔥花…適量

How to make
肉排
做法

1 洋蔥切成碎末，炒到變透明為止，放涼備用；蛋打散備用。

2 麵包粉浸入牛奶中，備用。

3 在大碗中放進混合的絞肉，與做法1、2，和鹽與黑胡椒。

4 將做法3充分混合，攪拌至出現黏性為止。

5 將做法4分成6等份，塑成圓形，每顆拍打約100下左右，將空氣排出，拍打過的肉質會更有彈性。

6 分別封上保鮮膜，再用鋁鉑紙包起來，裝入夾鏈袋中，可冷凍保存1個月。

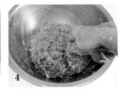

解凍方法
前一晚冷藏解凍

煎法（2人份）

1 將拍打過的漢堡肉攤平於手掌心，中間比較厚實不易煎熟，可用大姆指壓出凹陷，有助於煎熟。

2 將平底鍋加熱，放入少許油，用中小火煎1分鐘，翻面，再加入一點點水，蓋上鍋蓋蒸煎3～4分鐘。

3 另起一鍋加入一小塊奶油，將鴻喜菇炒香，加入紅酒醋、醬油及伍斯特醬拌炒，至醬汁濃稠即可熄火。

4 在漢堡排淋上做法3煮好的醬汁和夷蝦蔥，即完成。

Tips

＊怕肉沾鍋底的話，可以在煎肉之前，表面撒上一點麵粉。
＊該如何判斷熟度？用筷子戳一下漢堡排正中央，有透明的肉汁溢出來，就表示內部已熟。

6 香煎舒肥牛排

2人份

冷藏保存
2-3日

材料

- 好市多Choice翼板牛肉…
  2塊（約600g），1塊大約
  寬5cm、高度3cm、長度約
  13～15cm
- 美國Stasher矽膠耐熱密封
  袋…1個
- 奶油…少許

調味料

1　依喜好沾海鹽、玫瑰鹽、鹽之花或市售牛排
　　醬料均可。

2　舒肥完成後，袋中的肉汁倒入平底鍋，加入
　　2大匙薄鹽醬油、1小匙味醂、2大匙蒜泥、1
　　小匙米酒，加熱煮到醬汁稍微成濃稠狀，起
　　鍋，再加一點點白芝麻拌勻，即完成速成蒜
　　味牛排醬。

How to make

電子鍋版做法

1 將牛肉最大面積的2個面各煎40
秒,其他4個面各煎20秒。

2 裝入耐熱密封袋中,將空氣排擠
出來後封緊。

3 電子鍋內鍋注入95～100℃的熱
水,將密封好的牛肉放入鍋中。

4 蓋緊鍋蓋後,按保溫鍵,計時30
分鐘。

5 取出後肉汁可留下來煮醬汁。

6 熱鍋放入少許奶油,以中小火將
牛肉6個面各煎10～15秒,逼出肉
香。(可加入迷迭香一起煎,增
添香氣)

7 又香又嫩口的舒肥牛排完成!

鍋煮水浴低溫烹調法:
電子鍋正在煮飯,又想吃舒肥牛排時該怎麼辦?
方法順序都跟前面一樣,差別只在煮一鍋8分滿的水,沸騰後將矽膠耐熱密封袋放入鍋
中,蓋上鍋蓋,轉最小火煮3分鐘後熄火,計時30分鐘後取出。期間請勿開蓋。Stasher矽
膠密封袋是由食品級矽膠製成,不含塑化劑,可耐熱煮食,請放心使用。

Tips

＊厚度2cm的牛肋條不適合拿來舒肥,請直接將大面積的2面各煎1分30秒,小面積的4
面各煎20秒,取出趁熱用鋁鉑紙封緊。餘熱熟成靜置10～15分鐘,再切片即可。

＊厚度3～4cm左右的厚切牛排,內層不易煎熟,較適合用舒肥這種低溫烹調法。

＊低溫烹調法無須使用等級太高的牛肉,一般建議用Choice等級的牛肉,就會有
Premium等級的驚喜。

7 辣味涼拌小黃瓜炒牛排

2人份

冷藏保存
2日

材料

· 翼板牛排…200g
· 太白粉…適量
· 麻油…少許

調味料

醬油…1大匙
酒…1小匙
黑胡椒粉…少許

How to make
做法

1 翼板牛排切片，加入調味料醃漬5分鐘左右，備用。

2 翼板牛排醃漬好後，拍上少許太白粉，以少許麻油下鍋煎至7分熟。

3 加入適量的辣味涼拌小黃瓜（參考 P.143），及少許醃漬的醬汁，一起快炒30
秒，即完成。

1-1

1-2

2

3

8　平底鍋紅酒燉牛肉

2人份

冷凍保存
1個月

Tips

冷卻後可裝盒冷
藏保存2～3日。
裝入夾鏈袋冷凍
可保存1個月。

材料　　• 牛肉薄片…1盒200g　　中型洋蔥…1個　　奶油…1大匙　• 鹽與黑胡椒…少許

　　　　• 麵粉…2小匙　　洋菇…1盒100g　　杏鮑菇1根…切薄片（可省略）

調味料　• 番茄醬…4大匙　A　• 紅酒…50cc　• 水…150cc　• 月桂葉…1片

How to make
做法

1 將洋蔥切細絲，洋菇與杏鮑菇勻切成薄片，備用。

2 平底鍋開中火，將奶油融化，大火將洋蔥炒2分鐘後，加入菇類拌炒至軟化。

3 牛肉片加少許鹽與黑胡椒及麵粉抓勻，加入做法**2**，轉中火炒1分鐘。

4 加入4大匙番茄醬炒1分鐘，番茄醬經過拌炒香氣才會出來。加入調味料A轉中
小火，蓋上鍋蓋煨煮6～7分鐘，即完成。

9 馬鈴薯燉肉（速成版）

 〔製作示範〕 2人份

冷藏保存 3-4日

材料 ・豬里肌肉片…1盒（豬五花也可以，口感更為軟嫩，只是湯汁會比較油）

・蒟蒻絲…1盒 ・洋蔥…半顆～1顆 ・馬鈴薯…2顆

・紅蘿蔔…1/2條 ・鵪鶉蛋…1袋（12顆）

・甜豆或四季豆…適量

調味料 ・鰹魚醬油…3/4量米杯 ・味醂…1大匙

・水…2量米杯 ・糖…3小匙

How to make
做法

1 洋蔥切絲，馬鈴薯與紅蘿蔔切成適口大小；將洋蔥放
在最底層，再放上根莖類食材，周圍擺放鵪鶉蛋及蒟
蒻絲，最上層放豬肉片。

2 放好之後蓋上鍋蓋，此時開中小火全程燉煮15分鐘，
熄火，再燜半小時左右，即可食用。若時間允許，燜
涼到下一餐再加熱食用，會更入味好吃。

3 裝盤時，再將燙好的甜豆或四季豆加入擺盤即可。

10 甜酒釀蔬菜豬肉卷

2人份

冷藏保存
2日

便當｜主菜

材料	・豬里肌火鍋肉片…5片　・蔬菜條（紅／白蘿蔔、四季豆）…適量切成5cm長
	・麵粉…適量　・油…適量
調味料	・甜酒釀…2小匙　・鰹魚醬油…2大匙　・米酒…1小匙

How to make
做法

1 將蔬菜條燙熟，瀝乾水分備用。

2 用豬里肌肉片將蔬菜條捲起來，在手掌心輕輕捏幾下定型。

3 所有調味料調拌勻，備用。

4 做法**2**拍上一層薄麵粉，少油下鍋煎至表面呈金黃色，將做法**3**的醬汁下鍋，醬燒至湯汁收乾即完成。

11 酒蒸鹽麴豬肉卷

2人份

冷藏保存
2日

材料

・涼拌四季豆（一
週常備菜P.173）
・豬五花肉片⋯8片

調味料

・米酒⋯2大匙
・鹽麴⋯1小匙

How to make
做法

1 豬五花肉片攤平，放上適量的涼拌四季豆，包裹起來。

2 擺放於平底鍋或炒鍋中加入調味料，開中小火蓋上鍋蓋燜蒸2～3分鐘。至酒
精揮發收乾湯汁即可。（以上調味料是2卷對切4塊的份量，多卷則再自行斟
酌調味）

1-1

1-2

2

12 香烤米麴味噌松阪豬

2人份

冷藏保存
2日

伊富一主菜

材料

- ・松阪豬肉…1塊（200g）
- ・米麴味噌…1大匙
- ・鹽巴…少許

How to make
做法

1 松阪豬洗淨擦乾，表面撒上少許鹽巴。

2 烤盤上鋪一張烘焙紙再放上松阪豬，以180℃烤8分鐘。

3 小心將烤盤取出，於松阪豬肉均勻塗抹1大匙的米麴味噌，再以180℃烤3分鐘即可完成。

\Tips /

味噌一定要烤過才會突顯香氣，請勿一開始的時候塗抹，反而會造成味噌烤焦而肉又不熟的窘境。味噌加入的最佳時刻是最後3分鐘，保證香氣逼人。可搭配紫蘇葉一起品嚐，層次更為豐富。

13 溏心蛋可樂餅

2人份

冷藏保存
2日

材料　　· 醬漬溏心蛋…2顆（P.174）　· 馬鈴薯蛋沙拉…1碗（P.179）
　　　　　· 沙拉油…1/3碗　· 蛋液…少許　· 麵粉…適量　· 麵包粉…適量

How to make
做法

1 馬鈴薯蛋沙拉將醬漬溏心蛋包裹起來，雙手輕捏使其緊實並塑形。

2 依序裹上麵粉、蛋液、麵包粉後，少油半煎半炸，至表面呈金黃色即完成。

Tips

因兩者均是熟
食，無須炸太
久，中小火半煎
半炸至麵衣呈金
黃金即可起鍋。

14 高昇排骨滷鵪鶉蛋

2人份

冷藏保存 **5日**

便當｜主菜

Tips

這道菜的滷汁只有一點點,液體總量只有上述調味料而已。火記得要轉最小,才不會燒乾。滷汁甘甜,別忘了淋在飯上搭配喲!

材料

· 豬小排…1斤
· 水煮鵪鶉蛋…1袋

調味料

口訣12345

┌ · 1大匙烏醋
│ · 2大匙紹興酒
│ · 3大匙糖
│ · 4大匙醬油
└ · 5大匙水

※本次用2斤小排,所以調味料都是×2的比例

How to make
做法

1 豬小排汆燙後洗乾淨,備用。

2 鑄鐵鍋中加入所有調味料,再將汆燙洗淨好的豬小排放於鍋內。開火煮滾後轉最小火,蓋上鍋蓋,計時40分鐘燜煮。

3 途中20分時可以開蓋,翻動一下,將豬小排上下換一下位置,滷得比較均勻。此時剛好將鵪鶉蛋加入,繼續滷後半段的20分鐘,即完成。不需要加蔥薑蒜,這道菜的靈魂主角是紹興酒。

15 和風白玉蘿蔔滷雞翅

2人份

冷藏保存
5日

材料　·雞翅…6支對切　·白玉蘿蔔…2條　·醬漬溏心蛋…3顆（P.174）

調味料

A
- 開水…200ml
- 市售柴魚片…1小包
- 昆布…10cm大小1枚

B
- 醬油…1大匙
- 薑泥…1小匙
- 米酒…2小匙
（醃漬雞翅）

C
- 辣椒…半條切細
- 三溫糖…2大匙
- 醬油…3大匙
- 味醂…2大匙
- 米酒…2大匙
- 高湯…200ml
- 水…200ml

How to make
做法

1 前一晚先將A和風高湯（參考P.41）備好。

2 將洗淨擦乾的雞翅，加入調味料B醃漬15分鐘。

3 將白玉蘿蔔洗淨去皮，切成約1.5cm寬、在表面劃淺十字刀，幫助入味。用蓋過蘿蔔的水量煮15分鐘。

4 將做法3的白玉蘿蔔煮好後，取出瀝乾。

5 將C的所有調味料放入做法1，煮沸後整齊擺入白玉蘿蔔及雞翅。以中小火蓋鍋蓋滷15分鐘，關火，燜涼即入味。食用前再切醬漬溏心蛋搭配品嚐，是便當菜也是下酒菜。

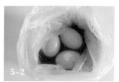

16 鹽麴迷迭香烤松阪豬

2人份

冷藏保存
2日

便當｜主菜

材料

- 松阪豬…1片（約200g）
- 迷迭香…1小株

調味料

- 鹽麴…1大匙
- 黑胡椒粉…少許

How to make
做法

1 將松阪豬肉片均勻塗抹一層鹽麴，醃漬約半小時。

2 迷迭香摘下撒在肉片上，再加上少許黑胡椒粉。以烤箱180℃烤10分鐘，即完成。

17 咖哩風味嫩炒松板豬

2人份

冷藏保存
3日

材料

· 松阪豬···1塊（約200g）

調味料

· 咖哩塊···1塊
· 米酒···1小匙

How to make
做法

1 將咖哩塊切碎，備用（或改用粉狀咖哩2大匙）。

2 松阪豬切成適口大小，少油小火煎香，加入調味料拌炒均勻，即可入味。咖哩炒過後，風味更香醇。

18 馬鈴薯咖哩炒松阪豬

2人份

冷藏保存
3日

| 材料 | ・馬鈴肉薯…1顆　松阪豬…1塊（約200g）・甜豆…8～10根 |

| 調味料 | ・油…1大匙　・奶油…1小塊 |

A　・咖哩塊…1塊　・米酒…1小匙　・薄鹽醬油…1小匙

How to make
做法

1 咖哩塊切碎（或以2大匙咖哩粉代替）備用。

2 馬鈴薯與松阪豬均切成約1.5cm大小，1大匙油將馬鈴薯表面煎成金黃色。

3 馬鈴薯煎至金黃色後移到鍋邊，將松阪豬下鍋煎，加入奶油炒香後，再加入調味料A提出風味。

4 最後再將甜豆下鍋，拌炒至甜豆熟了即完成。

19 豬肉丸子燒

2人份

冷藏保存
2日

材料　・市售冷凍烤丸子…1串　・豬五花肉…3片　・海苔…1片

・黑胡椒…少許　・鹽…少許　・海苔粉…少許

醬汁調味料　・水…3大匙　・醬油…2大匙　・味醂…1小匙

・米酒…1小匙　・糖…1大匙

How to make
做法

1 取一小鍋，將所有醬汁調味料加入鍋中，煮成濃稠狀，備用。

2 烤箱烤盤墊一層烘焙紙，將冷凍烤丸子以160℃烤4～5分鐘，烤熟取出淋上醬汁備用。

3 豬五花肉片整齊擺平，撒上黑胡椒及鹽調味。

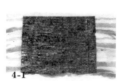
4-1

4-2

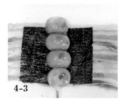
4-3

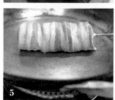
5

4 做法3擺上一片海苔片，再加入淋上醬汁的烤丸子串，捲起來。

5 少許油熱鍋，將做法4豬肉的接合面朝下煎，煎至表面金黃色後，再刷一層醬汁醬燒一下，撒上少許海苔粉即完成。

20 芋香燒豬

2人份

冷藏保存
2-3日

材料

- 大甲芋頭…半條（切大丁）
- 小香菇…5～6朵（泡開的香菇水留著備用）
- 老薑片…5～6片
- 辣椒乾…1/2條
- 蒜苗末或青蔥末…1/2根
- 豬胛心肉…半斤，切適口大小

調味料

- 醬油…1大匙
- 蠔油…1大匙
- 紹興酒…1大匙
- 冰糖…1小匙
- 香菇水…100cc

How to make 做法

1 將豬肉煸香到表面呈金黃色，起鍋備用。

2 芋頭炸到表面呈金黃金，備用。

3 薑片、蒜、辣椒乾爆香後，加入做法1～2的材料，並加入所有調味料拌炒後，蓋上鍋蓋，以中小火燜煮5分鐘即可。

4 起鍋後加一點蒜苗末點綴。

21 30分鐘速成風味咖哩

3人份

冷藏保存
5日

材料

· 豬五花肉片…1盒（約200g）牛五花肉亦可
· 洋蔥…1顆
· 小型紅蘿蔔…2條
· 馬鈴薯…1顆
· 小型蘋果…1顆或市售蘋果汁…100cc

調味料

· 水…600cc
· 咖哩塊…100g
· 花生醬…1大匙

How to make
做法

1 紅蘿蔔1條洗淨去皮、切塊,燙熟備用。

2 豬五花肉及洋蔥切大塊,與燙熟的紅蘿蔔塊加入300cc水,放入果汁機裡打成泥狀,倒入鑄鐵鍋中。

3 剩下的300cc水與小蘋果打成蘋果汁,倒入鑄鐵鍋中。紅蘿蔔1條切成適口大小的丁狀,一起入鍋,蓋上鍋蓋,中小火煮20分鐘。

4 等待的20分鐘,用來削馬鈴薯。將馬鈴薯去皮,切成適口大小丁狀,再將尖尖的邊角修圓,只要削掉尖端處即可。修飾過的馬鈴薯在入鍋煮後,比較不易因為攪拌的碰撞而鬆散。煮出來的形狀也會看起來更可口。(修下來的碎屑可以倒入鍋中燉煮)

5 將咖哩塊加入鍋中的熱食材料,溶解軟化,並加入1大匙的花生醬拌勻。花生醬是隱藏的美味關鍵,讓咖哩多了沉睡一晚的熟成風味。再加入修好邊角的馬鈴薯塊入鍋,蓋上鍋蓋以小火燉煮10分鐘,即完成。

Tips

＊使用現成蘋果汁則水的量要扣掉100cc,此料理的總水量為600cc。

＊裝盛好咖哩飯,可依喜好加上一點鮮奶油增添風味。

＊煎一顆半熟荷包蛋,劃開蛋黃伴隨著蛋汁與咖哩飯一起品嚐,也是絕美搭配。

＊咖哩吃不完可冷凍分裝保存,前一晚再冷藏退冰加熱即可。延伸做法咖哩焗烤,請參考CH6縮時便當提案P.264。

便當一主菜

22 照燒鵪鶉豬肉丸

2人份

冷藏保存
2日

材料	・鵪鶉蛋5顆　・豬里肌薄肉片…5片（豬五花可或牛肉片也可）
	・太白粉…適量　・油…適量
調味料	・醬油…2大匙　・太白粉水…1大匙　・味醂…1大匙　・米酒…1大匙

How to make
做法

1 將調味料拌勻，備用。

2 鵪鶉蛋用豬肉片包起來，用手稍微捏緊。

3 表面拍上一層太白粉，用少許油下鍋煎到表面呈金黃色。

4 將調好的調味料下鍋醬燒，至表面均勻吸附醬汁，即完成。

23 紫蘇風味豬五花菜卷

2人份
冷藏保存
3-4日

便當一主菜

材料

- 豬五花肉片…6片
- 紫蘇葉…3片
- 高麗菜絲…適量
- 油…少許

調味料

- 醬油…1大匙
- 胡椒鹽…適量

How to make
做法

1 將2片豬五花肉放平行,疊上紫蘇葉及適量的高麗菜絲,捲起來備用。

2 以少許油熱鍋,將捲好的肉卷接合面朝下,中小火煎,肉片受熱後自己會黏起來。不要急著翻面,煎1分鐘左右再翻面,材料才不會散開,肉片也不會黏鍋。

3 表面煎到呈金黃色後,加入調味料,再醬燒20~30秒左右熄火,即完成。

1-1

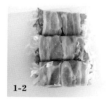

1-2

24 京醬肉絲

2人份

冷藏保存
2日

材料

- 豬肉絲…約200g
- 小黃瓜…1條
- 蔥…1條
- 大蒜末…1～2顆
- 辣椒絲…少許

調味料

A
- 蛋白…1/2顆
- 太白粉…少許
- 醬油…少許

B
- 甜麵醬…1大匙
- 糖…1大匙
- 水…1大匙
- （稀釋拌勻後備用）

How to make
做法

1 豬肉絲用1/2顆蛋白、太白粉少許、醬油少許，醃漬10分鐘。

2 醃製肉的時間來切蔥絲，運用大創買的切蔥絲小道具，快速又方便。將蔥洗淨瀝乾後，平放在砧板上，由左向往右劃一刀即可。

3 切完之後泡冰塊水備用，增加爽脆感；小黃瓜絲一樣切絲，泡冰塊水，擺盤時再瀝乾使用。

4 熱鍋加入2～3大匙油，將做法1的肉絲下鍋，炒到7分熟左右，瀝乾油起鍋。同鍋下蒜末、辣椒絲，稍微爆香一下，再將調好的B醬汁倒入鍋中炒香。再將7分熟的肉絲混入拌炒至熟即可。

5 小黃瓜瀝乾水分後先鋪底層，再將炒好的京醬肉絲裝盤，並擺上瀝乾水分的蔥絲，即完成。

25 玉米紫蘇風味炸豬肉卷

2人份

冷藏保存
3-4日

材料 ・豬五花肉片…6片 ・熟甜玉米…1根 ・紫蘇菜…3片

・麵粉…適量 ・麵包粉…適量 ・油…1/2碗

How to make
做法

調味料 ・黑胡椒與鹽…各少許

1 將熟玉米對切，玉米粒4～5顆為一排，切縱刀數片，備用。

2 豬五花肉2枚，撒上少許調味料，擺放一片紫蘇葉，再將做法1的玉米擺上，緊緊捲起來備用。

3 將做法**2**依序沾上麵粉、蛋液、麵包粉。用最小的鍋，倒入1/2碗的油，以150～160℃少油半煎半炸，約3分鐘至表面金黃色，即可起鍋。

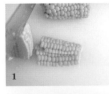

5 瀝油、靜置熟成5分鐘後，再對切即可。

26 紫蘇起司炸豬肉卷

2人份

冷藏保存
3-4日

便當｜主菜

材料 ・豬五花肉片…3～6片 ・紫蘇菜…3片

・蛋…1顆 ・起司片…1片 ・麵粉…適量

・麵包粉…適量 ・油…1/2碗～1碗

調味料 ・黑胡椒與鹽…各少許

How to make
做法

1 豬五花肉1片（也可2片包一卷），撒上少許調味料，擺放一片紫蘇葉及1/3片起司片，緊緊捲起來備用。

1-1

2 將做法1依序沾上麵粉、蛋液、麵包粉。用最小的鍋，倒入1/2碗～1碗的油，以150～160℃少油半煎半炸，約3分鐘至表面呈金黃色，即可起鍋。

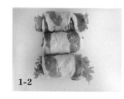

1-2

3 瀝油、靜置熟成5分鐘後，再對切即可。

2

27 一晚入魂醬漬叉燒（免滷）

3人份

冷藏保存
5日

材料

- 豬梅花…300g
- 醬漬糖心蛋…3顆（P.174）
- 薑片…1片
- 蒜頭…2顆
- 矽膠耐熱密封袋…1枚
- 保鮮膜…2枚

調味料

A ── · 鹽、黑胡椒、糖…少許

B ┌─ · 醬油…3大匙
　 │ · 味醂…3大匙
　 │ · 米酒…3大匙
　 │ · 糖…2大匙
　 └─ · 八角…1顆

How to make
做法

1　豬肉以蝴蝶刀切開（橫向切開不切斷），用刀背敲鬆肉，撒上調味料A，用手抹勻。

2　將豬肉捲起來用保鮮膜包成糖果狀，兩端打結固定。再多包一層保鮮膜，一樣捲成糖果狀，打結固定。捲兩層的用意在於能夠更定型。

3　裝入矽膠耐熱密封袋，將空氣擠壓出來。

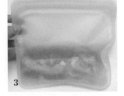

4 雞蛋在底部氣室的地方打洞，備用。鍋子裝入8分滿的水，燒至沸騰，轉中小火輕輕地將蛋放入鍋中，計時7分鐘，並攪動一下，讓蛋黃固定於中間。

5 將做法3的肉一起放入鍋中，計時完成後，熄火，將蛋取出冰鎮去殼。肉則蓋上鍋蓋，繼續浸泡3小時再取出。

6 3小時後，撕開保鮮膜，用少許油將表面稍微煎香，起鍋備用。

7 煮醬汁：調味料B放入小鍋中煮滾，冷卻後與做法7的肉及溏心蛋一起裝盒浸泡，冷藏1晚即可完成。次日可將肉切成薄片浸泡，色澤更美更入味。期間用乾淨筷子稍微翻動1次，讓醬汁均勻醃漬。

8 品嚐前用乾淨筷子取出，常溫回溫即可，無須再加熱，肉跟蛋都會過熟、過老不好吃。

9 可用平底鍋將切片的叉燒肉微煎一下，會有燒肉一般的香氣。煎完再回醬汁裡泡一下，味道更甘醇。（參考CH5叉燒丼飯P.204）

10 醬汁只要不要碰到生水，可以重複使用2～3次，製作好的肉跟溏心蛋再放入浸漬。可用來炒菜，或直接淋在白飯上也很美味。

Tips

＊製作好的叉燒肉，浸泡一晚冷藏後會比較好切。
＊不喜歡油脂多的梅花肉或五花肉者，也可用胛心肉來製作。
＊問：沒有矽膠耐熱密封袋該如何製作？
　答：用錫鉑紙將豬肉包緊，包2層比較厚實，兩端一樣像捲糖果一樣捲緊。
　　　其他步驟都一樣。
＊用矽膠耐熱密封袋製作，比較能鎖住肉汁。

28 馬鈴薯照燒雞腿排

2人份

冷藏保存
3-4日

材料

- 去骨雞腿肉…1片（約300g）
- 馬鈴薯…1顆（約180g）
- 細蔥花…適量
- 奶油…1小塊（可省略）
- 片栗粉或太白粉…適量
- 油…少許

調味料

A ── 鹽、黑胡椒、糖…少許

B ┌ 味醂…2大匙
  ├ 醬油…1.5大匙
  └ 砂糖…1小匙

做法

1 去骨雞腿肉切成1口大小，以調味料A先醃漬一下。

2 馬鈴薯洗淨去皮，切成1口大小，蒸熟或煮熟，瀝乾後趁熱拌入調味料B，備用。

3 平底鍋倒入少許油，熱鍋，雞肉撒上少許片栗粉抓勻，皮面朝下入鍋煎。

4 煎至呈金黃色時，加入奶油拌炒出香氣。

5 加入做法2的馬鈴薯拌炒，待醬汁收乾即完成。依喜好撒上少許細蔥花，即完成。

29 雞胸肉火腿

2人份

冷藏保存
7日

材料

· 雞胸肉…2塊
· 保鮮膜…數張
· 美國STASHER舒肥矽膠密封袋1個

調味料

· 鹽與糖…各1小匙

How to make
做法

1 將雞胸肉切蝴蝶刀（橫向切開不切斷），攤開後，均勻塗抹糖及鹽巴。

2 用叉子在雞肉的兩面各刺數十下，能比較快速入味。

3 將雞肉緊緊捲成條狀，再用保鮮膜捲成糖果的形狀，兩端綁緊。保鮮膜捲兩層比較能塑形，並鎖住肉汁。

4 將做法3裝入耐熱矽膠袋中，擠壓出空氣後密封起來。將耐熱矽膠袋放入鍋中，水煮沸後立即熄火，蓋上鍋蓋。

5 計時30分鐘取出，待涼切片即可。搭配的醬料：油蔥醬、蜜漬柚子醬請參考CH2P.38、P.40。（建議冷藏後更好切薄片，冷藏可保存一星期，很適合當作常備菜、雞肉輕食沙拉或是早餐夾麵包。）

30 台式烤香腸

材料

- 香腸…2條
- 蒜片與淺
  漬小黃瓜
  片…少許
  （P.177）
- 竹籤…2枝

How to make
做法

1 香腸進烤箱以160℃烤7～10分鐘。

2 取出後切數刀斜刀，再串入竹籤。

3 斜刀的細縫中塞入蒜片及切對半的醃小黃瓜片，即完成。

31 醬燒義式香料鮭魚

2人份

便當一主菜

材料

- 去骨鮭魚片⋯4小片
- 牛番茄薄片⋯3～4片
- 麵粉⋯少許
- 橄欖油⋯適量

調味料

A ┌ 醃漬料
- 黑胡椒⋯1小匙
- 義大利香料⋯適量
- 鹽⋯1小匙
└ 白酒⋯1大匙（米酒可）

B ┌ 醬燒調味料
- A醃漬料
- 薄鹽醬油⋯1大匙
- 蒜泥⋯1小匙
└ 白醋⋯1小匙

How to make
做法

1 鮭魚片表面撒上A醃漬料，醃漬約3～5分鐘。

2 用廚房紙巾擦乾鮭魚上的水分，拍上一層薄麵粉，少油煎香。切幾片番茄薄片在鍋邊一起煎。

3 加入B醬燒調味料，小火醬燒至湯汁收乾，即可起鍋。

1

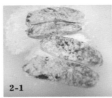
2-1

2-2

3

32 迷迭香奶油鮭魚

2人份

冷藏保存
3日

材料	・無骨鮭魚⋯1塊 ・新鮮迷迭香⋯1小段
調味料	・奶油⋯適量 ・鹽⋯少許

How to make
做法

1 無骨鮭魚表面撒上少許鹽,熱鍋後加入適量的奶油,待奶油融化後,轉中小火放入鮭魚塊及迷迭香。

2 蓋上鍋蓋燜煎30秒,再翻面燜煎30秒後熄火。不開蓋靜置3分鐘,以餘溫加熱鮭魚,會更加外酥內嫩。

Tips

＊怕魚皮肉黏鍋的話,可以在平底鍋上先鋪一張烘焙紙,隔著烘焙紙煎製,包準不黏鍋。
＊於好市多購買的挪威生魚片等級鮭魚,購買回家後無須沖洗,直接切片冷凍分裝保存,前一日冷藏退冰即可直接使用。

33 奶油蒜香檸檬蝦

2人份

冷藏保存
2日

材料	·水晶蝦仁…6尾　·蒜末…2瓣　·檸檬片…2片
調味料	·奶油…少許　·白酒…1大匙　·鹽…少許
	·黑胡椒粉…少許　·檸檬汁…1大匙

How to make
做法

1 熱鍋加入少許奶油，奶油融化後，放入蒜末煸出香氣。

2 將洗淨擦乾的蝦仁煎上色，嗆1大匙白酒（用米酒也可以），加入少許鹽及黑胡椒粉調味，熄火前再加點檸檬汁增添香氣。

Tips

冷凍常備蝦仁，
前一晚冷藏退冰
即可製作。

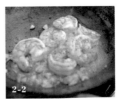

115

34 秋刀魚甘露煮

2人份

材料

· 秋刀魚…10〜12條

調味料

· 醬油…1量米杯
· 米酒…1量米杯
· 白醋…半量米杯
· 烏醋…半量米杯
· 糖…2大匙

· 薑絲…少許
· 柴魚片…1小袋
· 洋蔥…2顆，切丁
· 甘甜梅…3〜4顆
· 蔥段…3〜4根，切4〜5cm

How to make
做法

1 秋刀魚沖洗乾淨後，冷凍1～2小時再製作，因為冷凍後的秋刀魚切的斷面比較整齊。不敢吃內臟者，冷凍後的秋刀魚可用果醬刀快速刮除內臟，而且不沾血。

2 將秋刀魚去頭去尾，切成3等份，在魚肚劃一刀，用果醬刀輕刮就能簡單取出魚內臟。

3 鍋底鋪上洋蔥丁，再將做法**2**的秋刀魚整齊地排放在洋蔥上，加入所有調味料。

- **鑄鐵鍋**：大火煮滾後，蓋上鍋蓋，以小火燜煮2小時～2.5小時，不開蓋燜到涼，讓魚入味有醬色。

- **快鍋或壓力鍋**：上蓋後中火煮到出現橘色線，小火計時20分鐘。不開蓋燜到涼，讓魚入味且有醬色。

Tips

個人比較喜歡鑄鐵鍋細火慢燉煮出來的味道，快鍋煮是比較省時，但風味稍嫌不足，醬色也不夠美。可以快鍋煮20分鐘，洩閥後，再小心移到鑄鐵鍋繼續以小火燜煮30分鐘。再放涼即可。多一道工序，化骨軟綿又入味。建議用鑄鐵鍋耐心燉煮這道料理，將讓大家為之驚豔。

35 酥炸海苔風味黑鮪魚

3人份

冷藏保存
3-4日

材料 ‧ 黑鮪魚…適口大小的6～8塊（或任何去骨的魚類均可）

‧ 蛋…1顆 ‧ 麵粉…適量 ‧ 麵包粉…適量 ‧ 海苔粉…少許

‧ 油…1/3碗

調味料 ‧ 伍斯特醬…2大匙（鰹魚醬油混烏醋也可以）

1-1

1-2

How to make
做法

1 將魚塊加入調味料醃漬5分鐘。

2 準備好蛋液、麵粉、麵包粉與海苔粉,拌勻備用。

3 裹粉的順序:將醃製好的魚塊沾上蛋液→麵粉→蛋液→海苔麵包粉。多做起來裝盒,可以冷凍當常備菜使用。取用前一晚冷藏退冰即可。(多準備少許拌勻的海苔麵包粉,退冰時,若魚塊潮濕,可再加強拍一層粉。)

4 熱鍋加入油1/3碗,溫度控制在150℃左右,半煎半炸的方式。溫度不要太高,否則海苔容易燒焦。大約炸2~3分鐘,至麵衣呈金黃色澤即可。

5 可用筷子刺穿魚肉,判別是否炸熟。若刺穿後肉汁溢出即是熟了,若筷子帶有血色,表示內部尚未炸熟。

6 炸好後,靜置一會兒,待內部熟成。非常方便的常備菜,魚肉加上海苔,充滿大海的鮮味。

2

3

4

6

36 醬油風味酥炸鯖魚

2人份

冷藏保存
3-4日

材料

· 鯖魚…1片
· 片栗粉或太白粉…適量
· 沙拉油…適量

調味料

· 醬油…2小匙
· 米酒…2小匙
· 薑泥…1小匙

How to make
做法

1 將鯖魚切成5～6等份、仔細地將魚刺去除。

2 加入所有調味料醃漬10分鐘。

3 醃好的鯖魚，表層拍上一層薄薄的片栗粉或太白粉，以160℃熱油炸至表面呈金黃色，即完成。

便當副菜

37 小黃瓜番茄炒雪白菇

2人份

冷藏保存
3日

材料

- 小黃瓜…1條
- 小番茄…5～6顆
- 雪白菇…1/3包
- 蒜末…1顆

醬料

- 沙拉油…少許
- 烹大師鰹魚粉…1小匙
- 香油…適量

How to make
做法

1 將小黃瓜用刀拍碎後，切成1.5cm長，小番茄對切，雪白菇撕開備用。

2 平底鍋熱鍋加入少許沙拉油，將蒜末煸香，將做法1的材料全下鍋炒熟。起鍋前，加入鰹魚粉及香油即可。

38 涼拌紅蘿蔔絲

1人份

冷藏保存
4-5日

材料

- 紅蘿蔔…5片

醬料

- 香油…1小匙
- 白芝麻…適量
- 鹽巴…1/2小匙

How to make
做法

1 將紅蘿蔔切成細絲，加入1/2小匙鹽拌勻，靜置5分鐘。

2 將做法1釋出的水分擰乾後，以香油及白芝麻拌勻即可。

39 炒酸菜

3人份

冷藏保存
7日

便當｜副菜

材料

- 酸菜…1小顆
- 辣椒…半條，切圈（嗜辣者1條）
- 蒜片…3瓣

醬料

- 芝麻油…1大匙（或香油）
- 糖…2大匙
- 米酒…1小匙
- 豆豉醬…1小匙
- 辣油…1小匙（嗜辣者2小匙）

How to make

做法

1 將酸菜泡水半小時以上，稀釋鹹味並清洗乾淨，擰乾水分後切成粗絲。

2 熱鍋加入1大匙芝麻油，將酸菜炒出香氣後，加入2大匙的糖拌炒至糖溶解，鍋邊嗆1小匙米酒後，加入辣椒圈及蒜片炒出香氣。

3 起鍋前加入1小匙豆豉醬、1小匙辣油添加風味。

Tips

酸菜一定要炒出香氣才好吃，最重要的調味料只有糖，一定不可少。
酸甜好滋味，搭配肉燥飯或乾拌麵都是絕配。

40 小蘋果造型風味卷

2人份

冷藏保存
2日

材料

- 火腿…1片
- 起司…1片
- 火鍋用蟹肉棒…2條
- 黑芝麻…少許
- 薄荷葉…4片（或豆苗芽的葉子也可代替）
- 保鮮膜20cm×20cm…1張

即使是手不夠巧的人，也能輕鬆將小蘋果造型風味卷捲好，詳細的技巧祕技大公開！

How to make
做法

1 將火腿、起司片、蟹肉棒，由下而上依續放在保鮮膜上。

2 盡量將所有材料像包壽司一樣捲緊，保鮮膜兩端捲好打結。靜置冷藏約半小時以上。

3 冷藏固定後，再切成等份。

4 用筷子沾取黑芝麻當成蘋果核，再用薄荷葉當成蘋果葉點綴，即完成。

41 干貝柱炒鴻喜菇

2人份

冷藏保存
2日

材料	調味料
· 新鮮干貝柱…10～12顆	· 油…少許
· 鴻喜菇…1包	· 鹽…少許
· 花椰菜…5～6朵	· 烹大師鰹魚粉…1/2小匙
· 大蒜…1顆切片	· 米酒…1小匙

How to make
做法

1 少許油小火煸香蒜片，將洗淨瀝乾水分的
鴻喜菇入鍋，炒出香氣。

2 加入干貝柱及燙熟的花椰菜翻炒，加入少
許鹽、烹大師鰹魚粉調味、1小匙米酒提
香，快炒後即可起鍋。

---

42 金沙四季豆

2人份

冷藏保存
2日

材料

· 四季豆…15根
· 鹹鴨蛋…1顆
· 蒜頭…1顆切末
· 油…少許

調味料

· 米酒…1小匙
· 鹽…少許（或
不加鹽）

How to make
做法

1 四季豆去除兩側的粗纖
維，切成適口大小，鹹
鴨蛋蛋白與蛋黃分開，
切成小丁備用。

2 倒入少許油將四季豆快
炒，再加入蒜末，煸出
香氣。

3 將鹹鴨蛋蛋黃拌炒出香氣，再加入蛋白拌炒，以少許鹽、米酒
調味即完成。

43 紅燒豆腐

2人份

冷藏保存
2日

材料

- 板豆腐…1塊
- 蒜頭…1～2顆
- 蔥絲…少許
- 油…適量

調味料

- 醬油…1½匙
- 糖…1小匙
- 水…2大匙

How to make
做法

1 板豆腐切片，倒入少許油，先將豆腐煎到
表面呈金黃色。

2 加入拍碎的蒜頭與調味料下鍋煨煮，煮至
醬汁收乾，擺上蔥絲即完成。

44 胡麻風味涼拌菠菜

1人份

冷藏保存
2日

材料

- 菠菜…3株
- 白芝麻…少許

調味料

- 市售胡麻醬…1大匙
- 香油…1/2小匙

How to make
做法

1 將菠菜洗淨，切成3～
4cm適口大小的長度。起
一鍋水，煮沸後將菠菜燙
熟。取出菠菜後迅速泡冰
塊水冰鎮。

2 確實將菠菜擰乾水分後，
拌入調味料，再撒上少許
白芝麻，即完成。

45 柚香金時地瓜

2人份

冷藏保存
5-7日

材料

· 柚子皮…1/5片
· 金時地瓜…2條

調味料

· 水…70cc
· 二砂糖…3大匙
· 檸檬汁…1大匙
· 蜂蜜…1大匙

How to make

做法

1 金時地瓜帶皮洗乾淨後，切成0.3cm厚的輪狀，泡水備用。

2 將1/5片的柚子皮切除白色果囊部分，將皮切成細絲備用。

3 將水70cc煮沸後，加入瀝乾的金時地瓜片、二砂糖、柚子絲及檸檬汁，將金時地瓜煮軟，約10分鐘後醬汁會稍微減少。微涼後，再加入1大匙的蜂蜜拌勻。

4 確實冷卻後，裝盒冷藏，可保存5～7日。

Tips

參考CH2P.40蜜漬柚子醬。建議將柚子皮累積起來做成蜜漬柚子醬，冷藏常備用。想要煮柚香金時地瓜時，直接取1大匙蜜漬柚子醬加入調理即可。

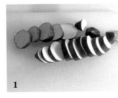
1

2-1

2-2

3-1

3-2

4

46 香腸炒油菜花

2人份

冷藏保存
2日

材料

· 香腸…2條
· 油菜花…1小把
· 油…少許

調味料

· 鹽…少許
· 酒…1小匙

How to make
做法

1 香腸先蒸熟後切成薄片，少許
油將香腸煸炒出香氣，表面微
焦香後起鍋。

2 油菜花洗淨瀝乾下鍋炒，加入
調味料炒熟後，將做法1的香
腸加入一起拌炒30秒左右，即
可起鍋。

/ Tips /
香腸蒸過再煎比較易熟，而且切片比較好看。
生的香腸不好切片，易碎爛。

47 胡麻風味涼拌紅蘿蔔四季豆

2人份

冷藏保存
3日

Tips /

若有磨泥器，
白芝麻經研磨
後的香氣會更
明顯。

材料

- 四季豆…15根
- 紅蘿蔔…1/4條
- 鹽…適量

調味料

- 砂糖…1大匙
- 白醬油…2小匙（或
  淡口味的鰹魚醬油）
- 白芝麻…2大匙

How to make
做法

1 四季豆挑除兩端的粗纖維，切成4cm長。紅蘿蔔
切薄片後，再切成粗絲，備用。

2 起一鍋水，加入適量的鹽巴，水沸騰後加入四季
豆與紅蘿蔔絲燙熟。

3 取出做法**2**後瀝乾，靜置2分鐘左右，去除水氣。

4 拌入所有調味料即完成。

129

48 剝皮辣椒炒甜豆

49 茶巾南瓜

2人份

冷藏保存
2日

2人份

冷藏保存
3日

材料

- 甜豆…20根左右
- 剝皮辣椒…2條
- 蒜末…1顆
- 蔥段…1根

調味料

- 油…少許
- 剝皮辣椒湯汁…2大匙
- 米酒…1小匙
- 鹽…少許（可省略）

How to make
做法

1 甜豆洗淨去除兩側的粗纖維備用；剝皮辣椒切成小圈備用。

2 少許油爆香蒜頭及蔥段，將甜豆下鍋翻炒，呈翠綠色，加入做法1的剝皮辣椒翻炒，以1小匙米酒嗆出香氣。再加2大匙剝皮辣椒的湯汁調味，味道不夠再加少許鹽調味，即完成。

材料

- 南瓜…適量蒸熟
- 保鮮膜
- 叉子
- 黑芝麻…適量

How to make
做法

1 南瓜煮軟或蒸熟，用叉子搗碎成泥，再用保鮮膜捲成球狀。

2 保鮮膜轉緊鬆開後，即呈現包巾的樣式。再用叉子劃幾筆加深紋路。表面用筷子沾黑芝麻點綴成梅花圖形，即完成。

50 海苔風味起司炸竹輪

2人份

冷藏保存
3日

便當—副菜

材料

- 竹輪…2條
- 起司片…切成
  0.3cm寬長條狀
- 沙拉油…適量

A ┌ 麵粉…2大匙
  ├ 太白粉…2大匙
  ├ 海苔粉…1小匙
  └ 水…2大匙

Tips
剩下的麵糊不要浪費，可用來炸洋蔥圈或地瓜條。

How to make
做法

1 竹輪切一小圈約0.3cm厚，再將切下來的圈切成對半。

2 將起司塞入竹輪裡，再用做法**1**切成半圈的竹輪塞入竹輪兩端。如此一來，油炸時就不會因起司融化而造成油爆的問題。

3 將材料A調配好，竹輪裹上一層薄麵衣，下鍋油炸至呈金黃色即可起鍋。

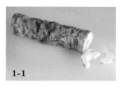
1-1

1-2

2

3

51 清炒高麗菜

2人份

冷藏保存
2日

52 培根炒高麗菜

2人份

冷藏保存
2日

材料

- 小型高麗菜…1/4顆　· 紅蘿蔔…2片
- 蔥…1根　· 蒜頭…2顆

調味料

- 油…1小匙　· 鹽…少許
- 烹大師鰹魚粉…少許
- 米酒…1小匙　· 水…1大匙

How to make
做法

1 高麗菜洗淨切片或手撕，備用；紅蘿蔔切絲、蔥切3cm左右長段、蒜頭切片或拍碎，備用。

2 以1小匙油熱鍋，將蔥及蒜爆香，加入紅蘿蔔絲及高麗菜拌炒。此時加入1大匙水，蓋上鍋蓋燜1分鐘。

3 加入米酒嗆出香氣，再加入少許鰹魚粉及鹽調味，快炒30秒左右，即完成。

材料

- 小型高麗菜…1/4顆
- 紅蘿蔔…2片
- 培根…1片　· 油…適量

調味料

- 鹽…少許　· 米酒…1小匙
- 黑胡椒…適量

How to make
做法

1 高麗菜洗淨切片或手撕，備用；紅蘿蔔片切絲、培根切絲，備用。

2 將培根煸出香氣，逼出油脂後，加入紅蘿蔔絲與高麗菜拌炒。

3 加入所有調味料，高麗菜炒熟後即可起鍋。

53 水煮秋葵

2人份

冷藏保存
3-4日

便當二副菜

材料

• 秋葵…1盒
• 鹽巴…少許
• 高湯…2杯
（CH2和風
高湯P.43）

How to make
做法一

1 秋葵是營養價值很高的蔬菜，上面有很多細小絨毛是新鮮的象徵，但絨毛粗粗的吃起來會影響口感，請用細毛牙刷將表面絨毛刷洗乾淨即可。

2 蒂頭的纖維比較粗糙，可用刀稍微削掉。

3 將日式高湯煮沸，加入少許鹽巴，把處理好的秋葵入鍋煮，燙煮過程中會釋出許多黏液。

4 約煮5～6分鐘，用筷子將秋葵頭朝下，倒著瀝乾，放在篩子上靜置到涼為止，無須泡冷水冰鎮。沖冷水冰鎮適合現吃，比較不能久放，自然放到涼再裝盒，冷藏可保存3～4日。（若無高湯，可用2杯水加入1小匙的烹大師鰹魚粉代替）

做法二

1 上述做法**1**～**2**相同。

3 500～700cc水煮沸，將處理好的秋葵入鍋煮，燙煮過程中會釋出許多黏液。

4 約煮5～6分鐘，用筷子將秋葵頭朝下，倒著瀝乾，讓黏液釋出於鍋中。

5 秋葵水放涼可加入奇亞籽，冷藏冰涼當夏日的無糖飲品。秋葵黏液能整腸又能降血糖，加入高纖的奇亞籽，就是最棒的夏日美容聖品。

54 高湯燙花椰菜玉米筍

2人份

冷藏保存
3-4日

材料

· 花椰菜…1株　· 玉米筍…1盒
· 和風高湯…2杯（CH2P.43）
· 鹽巴…少許

How to make
做法

1 花椰菜及玉米筍洗淨，花椰菜去除根莖部的粗纖維。

2 日式高湯煮沸加入少許鹽巴，將洗好的花椰菜及玉米筍入鍋煮熟。

3 放在篩子上靜置到涼為止，無須泡冷水冰鎮。加冷水冰鎮較不能久放，放到自然涼，可冷藏可保存3～4日。（若無高湯，可用2杯水加入1小匙的烹大師鰹魚粉代替）

55 涼拌三絲

2人份

冷藏保存
3日

材料

· 小黃瓜…1條
· 火腿片…1枚
· 蛋…1顆

調味料

· 鹽…少許
· 白芝麻…1小匙
· 芝麻油…1½小匙

How to make
做法

1 小黃瓜切絲，加入少許鹽靜置5～10分鐘，倒掉釋出的鹽水，將小黃瓜絲擰乾備用。

2 蛋加少許鹽，煎成薄蛋皮切絲備用；火腿片切絲備用。

3 將做法**1**、**2**加入所有調味料拌勻即可。

56 焗烤馬鈴薯球

2 球

冷藏保存 **3**日

材料

- 馬鈴薯⋯1/2顆
- 保鮮膜⋯1枚
- 烘焙紙⋯1枚

調味料

- 大蒜奶油⋯適量
- 蜂蜜芥末美乃滋⋯適量
- 黑胡椒⋯少許
- 海苔粉⋯少許（可省略）

How to make 做法

1 馬鈴薯去皮煮軟，搗成泥狀，用保鮮膜包捲成球狀。

2 烤箱上鋪上一小張烘焙紙，比較不易沾黏烤盤。在做法1的馬鈴薯球上，塗一層大蒜奶油，再擠上少許蜂蜜芥末美乃滋。

3 進烤箱以160℃烤約2分鐘，取出後撒上少許黑胡椒及海苔粉，即完成。

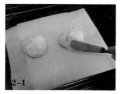

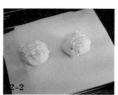

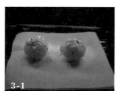

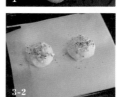

57 麻油風味炒水蓮

2人份

冷藏保存
2日

材料

- 水蓮…100g
- 鴻喜菇…50g
- 蒜頭…2顆，切末

調味料

- 麻油…1大匙
- 米酒…1大匙
- 鹽…少許
- 鰹魚粉…1/2小匙

How to make
做法

1 水蓮洗淨瀝乾，切成約7cm長；鴻喜菇洗淨瀝乾，用手剝散。

2 熱鍋加入1大匙麻油，轉中小火，放入蒜末爆香。

3 將鴻喜菇入鍋炒出香氣，炒至表面呈金黃色為止。

4 加入水蓮轉大火快炒，並加入1大匙米酒拌炒，提出香氣。

5 加入鹽、鰹魚粉調味，大火快炒數十秒，即完成。

58 魚香茄子

2人份

冷藏保存 2日

材料

茄子…1條

豬絞肉…50g

蒜頭…2顆切末

蔥花…適量

油…適量

水…少許

太白粉水…適量

調味料

豆瓣醬…1小匙（嗜辣者可加1大匙）

醬油…1小匙

How to make
做法

1 茄子切成3cm左右的長條狀，鍋中加入適量的油，待油溫到達150℃以上，將茄子入鍋，炸軟備用。油溫不夠，茄子就會吃進太多油。

2 炸軟的茄子起鍋瀝乾油，再用冷水將油沖掉，如此一來，能沖掉很多油脂，再瀝乾備用。

3 另起一鍋加入少許油，將蒜末煸香。再將豬絞肉下鍋熱炒，加入調味料炒出香氣後，將做法**2**的茄子入鍋。

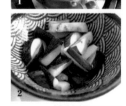

4 加入醃過茄子一半的水量，煨煮至水滾，再加入太白粉水勾芡，加入蔥花即完成。

Tips

＊主要的鹹味來源是豆瓣醬，嗜辣者可多加，不嗜辣者則加入醬油自行調整鹹度。

＊茄子不想油炸，可用水煮。水煮更無負擔也更低卡。做法：將茄子切好放入滾水裡，立刻用大漏杓壓著，勿讓加熱中的茄子接觸到空氣，就能保持茄子的色澤。

59 菠菜百頁

2人份

冷藏保存
2日

材料

· 菠菜…1把
· 天然日晒腐皮…1張
· 白芝麻…1小匙

調味料

· 香油…1大匙
· 烹大師鰹魚粉…1小匙
· 鹽…1/2小匙

How to make
做法

1 將菠菜洗淨後對切,起一鍋水煮沸後將菠菜燙熟。取出後迅速泡冰塊水,冰鎮1分鐘。

2 腐皮洗淨後煮軟,取出後切成1cm大小的細丁狀,備用。

3 將做法1的菠菜確實擰乾水分後,切成1cm大小的細丁狀,拌入調味料及做法2的腐皮,再撒上白芝麻即可。

Tips
買不到腐皮,也可用白豆干煮軟,切成小丁代替。

2人份

冷藏保存
3日

60 蜂蜜風味煎南瓜

材料

· 栗子南瓜…1/2顆
· 油…少許

調味料

· 鹽…少許
· 水…1大匙
· 蜂蜜…1大匙

How to make
做法

1 將栗子南瓜洗淨擦乾,切成薄片。

2 平底鍋中均勻抹油,開中小火將南瓜整齊擺放於鍋內,蓋上鍋蓋蒸煎1分鐘。

3 開蓋後,在南瓜表面撒少許鹽,翻面加入1大匙水,再蓋上鍋蓋燜煎至水分收乾。

4 水分收乾後,加入1大匙蜂蜜熄火,以餘溫將蜂蜜與南瓜拌勻即可。

61 紫蘇風味月亮蝦餅

2人份

冷藏保存
3日

How to make
做法

材料 ・花枝蝦仁漿…約150g（或單純蝦仁漿）
・紫蘇葉…5枚 ・越南春捲米紙…2張 ・油…適量

1 取一張米紙，鋪滿花枝蝦仁漿，再鋪上紫蘇葉，
最後再疊上一張米紙。

2 以平底鍋少油半煎半炸的方式，將蝦餅煎熟至表
面呈金黃色，切成適口大小，即完成。

1-1

1-2

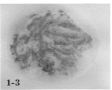

1-3

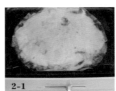

2-1

2-2

62 酪梨蜂蜜芥末火腿沙拉

2人份

冷藏保存
3日

材料

- 酪梨…1顆
- 甜橙…1顆
- 火腿…2片

調味料

- 和風芥末籽醬…2大匙
- 蜂蜜芥末美乃滋…2大匙

How to make
做法

1 酪梨及甜橙洗淨去皮切丁、火腿片切成適口大小，備用。

2 將做法1拌入所有調味料即可。很簡單的沙拉單品，加入甜橙清爽不膩口。

63 薑蜜小番茄

2人份

冷藏保存
2-3日

材料

- 小番茄…5～6

調味料

- 薑蜜…1小匙
  （CH2P.39）
- 橄欖油…1/2小匙
- 鰹魚醬油…1/2小匙

How to make
做法

1 將每顆小番茄切對半。

2 拌入所有調味料，攪拌均勻即可。

Tips

薑蜜事前做好於冷藏備用，即可30秒輕鬆上副菜。

64 鮪魚玉米紅蘿蔔炒蛋

2人份

冷藏保存
2日

便當一副菜

材料

- 鮪魚玉米罐頭…1罐
- 紅蘿蔔…1/2根切絲
- 蛋…1顆
- 蔥花…1根

調味料

- 鰹魚醬油…1小匙

How to make
做法一

1 熱鍋將鮪魚玉米罐頭直接下鍋，用罐頭本身的油脂將紅蘿蔔絲炒熟。

2 加入調味料拌炒後，將蛋液打勻下鍋炒熟，起鍋前加入蔥花，即完成。

做法二

將紅蘿蔔絲燙熟瀝乾後，直接與鮪魚玉米罐頭拌勻。再加入蔥花及少許黑胡椒粉增添風味。也可以另外將蛋炒成散蛋後，再拌入配料，無論是當作便當副菜或是早餐夾吐司，都很合適。

65 醃小黃瓜片

2人份

冷藏保存
5日

材料

· 小黃瓜…1條
· 紅辣椒…少許
· 蒜末…2顆

調味料

· 鹽…少許
· 糖…1大匙
· 芝麻油或香油…1小匙
· 白醋…1小匙

How to make
做法

1 小黃瓜切成薄片，加入少許鹽，用手抓勻靜置10分鐘去除生澀味。

2 將做法1釋出的鹽水倒掉，無須沖水漂洗。

3 加入鹽以外的所有調味料及紅辣椒、蒜末拌勻，即完成。

Tips

小黃瓜切滾刀或細長條狀均可，做法都一樣。盛產季節不妨多買些回家醃漬，放入冰箱常備，方便隨時出菜。

---

66 醬燒金針菇

2人份

冷藏保存
5日

材料

· 金針菇…1袋

調味料

· 老滷醬…1大匙（或甘醇口味醬油膏）
· 薄鹽醬油…1大匙
· 味醂…1大匙
· 清酒…1大匙（或米酒）
· 糖…1小匙

How to make
做法

1 金針菇連同袋子，將尾端部分切除約3～4cm，直接以裝袋狀態沖水，清洗乾淨。

2 將金針菇切成適當的長度。

3 炒鍋中加入所有調味料，並將洗好的金針菇放入鍋中，煮滾後轉小火，煮至醬汁呈濃稠狀即可。甜鹹開胃，搭配白飯或粥品都非常適合。

67 辣味涼拌小黃瓜

2人份

冷藏保存
7日

材料

- 小黃瓜…2～3條

調味料

- 蒜頭…2顆，切薄片
- 辣椒乾…1條，切斜刀
- 麻油…1大匙
- 醬油…2大匙
- 米酒…1小匙
- 白醋…1½小匙

How to make 做法

1 小黃瓜洗淨，將頭尾的蒂頭切除，切成約4cm的長條狀，備用。

2 將所有調味料放入平底鍋中，再放入小黃瓜，開中火快速拌炒1分鐘，即可起鍋。

3 裝盛於容器內，放涼冷藏可保存1星期。直接冷藏取出食用，就是很快速的便當常備涼拌菜。

68 醬燒南瓜

2人份

冷藏保存
5日

材料　　　• 中型南瓜1/3顆或小型栗子南瓜1顆

調味料　　• 薄鹽醬油…2大匙　• 味醂…1小匙

　　　　　• 糖…1小匙　• 米酒…1小匙　• 水…1/2杯

How to make
做法

1 南瓜洗淨擦乾，帶皮切
　 成2～3cm適口大小。

2 於鍋中放入切好的南瓜與所有調味料，以中
　 小火煨煮至南瓜軟化，即完成。

2人份

冷藏保存
3日

69 蘋果乳酪馬鈴薯沙拉

材料

• 馬鈴薯…1顆
• 原味乾乳酪…5顆
• 蘋果…1/2顆
• 培根…1片

How to make
做法

調味料

• 鹽與黑胡椒…少許

Tips

裝便當時可用保鮮膜
捏成球狀，直接放於
餐盒內即可。

1 馬鈴薯洗淨去皮、切丁，煮熟後瀝乾水分，備用。

2 培根煎到金黃色後，待涼切小丁，備用；原味乾乳
　 酪每顆再切成8等份，備用。

3 蘋果連皮切小丁，泡鹽水3分鐘左右，瀝乾備用。

4 將做法1的馬鈴薯用叉子搗成泥狀，拌入其他所有食
　 材，加入調味料稍微拌勻，即完成。

70 鮮菇炒桂竹筍

2人份

冷藏保存
2日

材料

- 桂竹筍…半斤
- 蔥…2根
- 辣椒…半根，切薄斜片
- 薑…3片，切絲
- 蒜頭…2顆切片
- 新鮮香菇…2朵，切薄片

調味料

- 醬油膏…1大匙
- 蠔油…1大匙
- 米酒…1大匙

How to make
做法

1 將桂竹筍洗淨後，斜刀切成適口大小，備用。

2 以少許油熱鍋，將蒜頭、蔥、辣椒、薑絲爆香，加入香菇一起拌炒。

3 將桂竹筍下鍋炒，加入米酒嗆鍋炒出香氣後，再加入其他調味料拌炒即可。

Tips

桂竹筍本身已是熟的，所以不用炒太久，下鍋加入調味料，快炒1～2分鐘即可。

71 蟹肉棒海苔風味卷

2人份

材料

海苔…2片
火鍋用蟹肉棒…5條
甜豆…2根（燙熟）
保鮮膜…1張

How to make
做法

1 取1片海苔，由下往上整齊排好5條蟹肉棒，再放上燙熟冷卻的甜豆。

2 像捲壽司的方式，將材料緊緊的捲起來。

3 捲好之後用保鮮膜包起來，兩端打結固定靜置10分鐘，用意在於讓海苔及食材能融合為一體。

4 10分鐘後再取一片海苔捲起來，雙層固定。再切成大約5等份，即完成。

2-2

2-2

3

蛋料理

我在做便當與吃便當的過程中，深深體會到，好吃的便當除了下飯菜與清口菜之間的味蕾平衡之外，一顆小小的蛋，在便當中竟是畫龍點睛的最佳配角！尤其是半熟蛋，用筷子劃下的那瞬間，濕潤的蛋黃裹著粒粒分明的白飯拌勻，除了視覺上的享受，味覺的小宇宙也瞬間爆發。

72 奶油滑蛋

材料

・蛋…1顆
・奶油…1小塊
　（切約0.1cm厚）

調味料

・鹽…少許
・牛奶…1小匙
・黑胡椒、巴西
　里末…各少許

How to make
做法

1 蛋加入鹽及牛奶攪拌均勻。

2 熱鍋加入1小塊奶油融化，加入做法**1**的蛋液，迅速用筷子攪拌至呈凝固的半熟狀，立即熄火。再利用餘溫用筷子拌勻，呈現8分熟狀態起鍋。

3 撒上少許黑胡椒及巴西里末，即完成。

73 玉子燒

1 人份

材料 〔用9cm玉子燒鍋製作〕

· 蛋…1顆

調味料

· 味醂…1小匙
· 日式薄鹽鰹魚醬油…1/2小匙
· 牛奶…1小匙
· 沙拉油…適量

How to make
做法

1 雞蛋打散後,加入油以外的所有調味料,充分攪拌均勻。

2 平底鍋開小火,均勻抹上一層油,用筷子沾一點點蛋液確認溫度,蛋液凝固即是下鍋的溫度。

3 將蛋液一次倒入1/3量,下鍋後迅速攤平,待周圍凝結後,用筷子由上往下捲。

4 蛋液下鍋前都先抹一層薄薄的油,才不會沾鍋。將蛋推向上方,倒入第二次蛋液,輕輕將做法3完成的蛋捲抬起,讓蛋液流到下方做連結。產生大泡泡時用筷子輕輕刺破。

5 重複做捲起動作,重複抹油,分三次將蛋液捲完即可。完成後取出靜置待涼,微涼後比較好切。

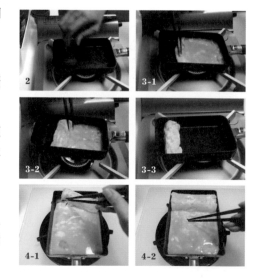

One Week Ho:

74 小蘋果造型玉子燒 〔製作示範〕

1 人份

材料 〔用9cm玉子燒鍋製作〕

・蛋…1顆
・火鍋蟹肉棒…2條
・薄荷葉或煮熟的花椰菜…少許

調味料

・沙拉油…適量
・鹽…少許
・味醂…1/2小匙

How to make
做法

1 將蛋打散,加入鹽及味醂攪拌均勻,備用。

2 平底鍋開小火,均勻抹上一層油。用筷子沾一點點蛋液確認溫度,蛋液凝固即是下鍋的最佳溫度。

3 第一層蛋液下鍋後,迅速攤平,待全體蛋液稍微凝固後,將蟹肉棒橫放於上方1/3處。輕輕用筷子將上面的蛋皮將蟹肉棒捲起來。再迅速抹一層薄薄的油,分3～4次將蛋液捲完,熄火後,以餘溫用鍋鏟塑形。

4 待冷卻後,切成4等份,用筷子沾黑芝麻當蘋果籽,薄荷葉或花椰菜當蘋果葉,即完成。

75 明太子玉子燒

〔製作示範〕

1
人份

材料 〔用9cm玉子燒鍋製作〕

- 蛋…1顆
- 明太子…1條

調味料

- 味醂…1小匙
- 鹽…少許（或日式鰹魚醬油1/2小匙）
- 沙拉油…適量

How to make
做法

1 將蛋白蛋黃分開，能產生很美的漸層效果。也可直接將蛋打勻，不做漸層。蛋白蛋黃分開，將調味料均除以2，分別加入蛋白及蛋黃裡，攪拌均勻備用。

2 平底鍋開小火，均勻抹上一層油，用筷子沾一點點蛋液確認溫度，蛋液凝固即是下鍋的溫度。

3 蛋白先下鍋，迅速攤平蛋白液，待全部蛋白液稍微凝固後，將明太子放於蛋白上，輕輕用筷子捲起。再迅速抹一層薄薄的油，將蛋黃液下鍋，蛋白與蛋黃各捲完2次後，熄火後以餘溫用鍋鏟塑形。

4 待冷卻後，切成4等份即可。

76 鹽麴松阪豬玉子燒

1
人份

材料　〔用9cm玉子燒鍋製作〕

・松阪豬…1片約100g
・蛋…1顆

調味料

・沙拉油…適量
・鹽麴…1大匙
A
・味酥…1小匙
・日式薄鹽鰹魚醬
　油…1/2小匙
・牛奶…1小匙

How to make
做法

1 將松阪豬用鹽麴醃漬15分鐘以上，以少許油煎熟起鍋備用。

2 將蛋打散，加入調味料A充分攪拌均勻。

3 平底鍋開小火，均勻抹上一層油，用筷子沾一點點蛋液確認溫度，蛋液凝固即是下鍋的溫度。

4 將蛋液一次倒1/3量，下鍋後迅速攤平，放入煎好的鹽麴松阪豬。待周圍凝結後，用筷子由上往下捲。

5 蛋液下鍋前都先塗抹一層薄薄的油，才不會沾鍋。產生大泡泡時用筷子輕輕刺破，反覆做法4，將蛋液分三次捲完即可。

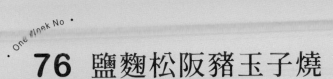

6 完成後取出，靜置待涼，微涼後比較好切。

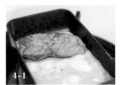

77 起司竹輪玉子燒

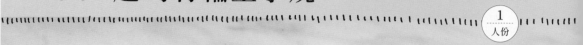

1 人份

材料 〔用9cm玉子燒鍋製作〕

- 起司…1/2片
- 竹輪…1條
- 蛋…1顆

調味料

- 味醂…1小匙
- 日式薄鹽鰹魚醬油…1/2小匙
- 牛奶…1小匙
- 沙拉油…適量

How to make
做法

1 竹輪橫切,將1/2片的起司切細條狀塞入竹輪裡。

2 將做法1的竹輪,裁成玉子燒鍋的寬度備用。

3 將蛋打散後,加入油以外的所有調味料,充分攪拌均勻。

4 平底鍋開小火,均勻抹上一層油,用筷子沾一點點蛋液確認溫度,蛋液凝固即是下鍋的溫度。

5 將蛋液一次倒1/3量,下鍋後迅速攤平,放入做法2的起司竹輪。待周圍凝結後用筷子由上往下捲。反覆將蛋液分三次捲完即可。

6 完成後取出,靜置待涼,微涼後比較好切。

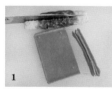

1

1-2

5

78 高湯玉子燒

2 人份

材料〔用18cm玉子燒鍋製作〕

・ 蛋…2顆

調味料

・ 醬油…1小匙
・ 砂糖…1小匙
・ 和風高湯…2大匙（參考CH2 P.43）
・ 油…少許

Tips

想做出鬆軟口感的高湯玉子燒，祕訣就在於蛋與水分的比例！請記得，1顆蛋對醬油、砂糖，各1/2小匙，高湯1大匙的比例，即可做出軟嫩的高湯玉子燒。

How to make 做法

1 將蛋打散後，加入油以外的所有調味料，充分攪拌均勻。

2 平底鍋開小火，均勻塗上一層油，用筷子沾一點點蛋液確認溫度，蛋液凝固即是下鍋的溫度。

3 將蛋液一次倒1/3量，下鍋後迅速攤平，待周圍凝結後，用筷子由上往下捲。

4 蛋液下鍋前都先塗抹一層薄薄的油，才不會沾鍋。產生大泡泡時用筷子輕輕刺破，反覆做法3，將蛋液分三次捲完即可。

5 完成後取出，靜置待涼，微涼後比較好切。

79 御飯糰造型玉子燒

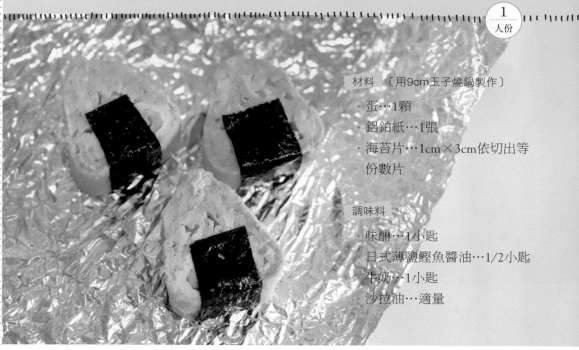

材料 〔用9cm玉子燒鍋製作〕

蛋…1顆
鋁鉑紙…1張
海苔片…1cm×3cm依切出等
份數片

調味料

味醂…1小匙
日式薄鹽鰹魚醬油…1/2小匙
牛奶…1小匙
沙拉油…適量

How to make
做法

1 將蛋打散後,加入油以外的所有調味料,充分攪拌均勻。

2 平底鍋開小火,均勻抹上一層油,用筷子沾一點點蛋液確認溫度,蛋液凝固即是下鍋的溫度。

3 將蛋液一次倒1/3量,下鍋後迅速攤平,待周圍凝結後,用筷子由上往下捲。

5-1

4 蛋液下鍋前都先塗抹一層薄薄的油,才不會沾鍋。產生大泡泡時用筷子輕輕刺破,反覆做法**3**將蛋液分三次捲完即可。

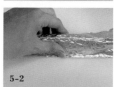

5-2

5 趁熱用鋁鉑紙捏成三角形,靜置5分鐘後定型再切片,貼上海苔片,即成了飯糰造型玉子燒。

5-3

80 蔥花菜脯厚蛋燒

（1 人份）

材料 〔用9cm玉子燒鍋製作〕

- 蛋…1顆
- 菜脯菜…1大匙
- 蔥花…1根切細圈
- 油…少許

How to make
做法

1 將蛋打散，與切好的蔥花攪拌均勻，備用。

2 菜脯洗淨擰乾，將平底鍋熱鍋，乾鍋下菜脯先炒出香氣。

3 於做法2加入少許油，將蔥花蛋汁下鍋，分3次捲成厚蛋燒即可。

2　　　3-1　　　3-2　　　3-3

Tips /
菜脯本身已有鹹度，所以不需再多做調味。

81 鮭魚蘆筍炒蛋燒

1 人份

材料　・蛋…2顆　・去骨鮭魚肉…1片（100g）　・蘆筍…7～8根，切成長度約3cm

・奶油…適量　・鹽…少許　・牛奶…1小匙　・黑胡椒…適量

How to make
做法

1　蛋打散，加入一點點鹽，1小匙牛奶拌勻。熱鍋後加入少許奶油，待奶油融化後，轉小火將蛋液倒入鍋中，用筷子快速攪拌，約7分熟後熄火，餘溫將蛋炒到凝結，即可起鍋。

2　原鍋用廚房紙巾擦乾淨，鮭魚兩面塗抹一點點鹽巴，少許奶油下鍋融化後轉中小火將鮭魚煎熟。起鍋後將魚肉撕成小塊備用。

3　煎鮭魚逼出來的油直接炒蘆筍，起鍋前加入少許鹽巴調味。

4　將做法1、2倒入做法3的鍋中，拌勻即可。可依喜好加入少許現磨黑胡椒粉，增添香氣。

158

82 蟹肉風味蔥花玉子燒

1 人份

材料 ・蛋…1顆 ・蔥末…1根 ・火鍋蟹肉棒…1根 ・油…少許

調味料 ・鰹魚醬油…1小匙 ・味醂…1小匙

How to make
做法

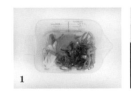
1

4

1 蟹肉棒切成1cm長,加入蛋及所有調味料拌勻。

2 平底鍋開小火,均勻抹上一層油,用筷子沾一點點蛋液確認溫度,蛋液凝固即是下鍋的溫度。

3 將蛋液一次倒1/3量,下鍋後迅速攤平,待周圍凝結後,用筷子由上往下捲。

4 蛋液下鍋前,先抹一層薄薄的油,才不會沾鍋。將蛋推向上方,倒入第2次蛋液,輕輕將做法3完成的蛋卷抬起來,讓蛋液流到下方做連結。產生大泡泡時用筷子輕輕刺破。

5 重複做捲起動作,重複抹油,分三次將蛋液捲完即可。

6 完成後取出,靜置待涼,微涼後比較好切。

83 花朵蛋&花朵火腿

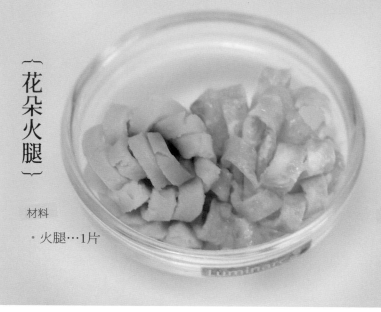

【花朵火腿】

材料

・火腿…1片

【花朵蛋】

材料

・蛋…1顆
・鹽…少許

How to make
做法

1 火腿對折，下方1cm處，劃數十刀0.1cm左右的細刀，再緊密的捲起來即可。可用可愛的小叉子固定，或直接裝填在便當角落空隙處。

How to make
做法

1 蛋加入少許鹽巴攪拌均勻，鍋中塗上一層薄油，以小火煎成薄蛋皮。

2 煎好的蛋皮放涼再製作。蛋皮對折，下方1cm處，劃數十刀0.1cm左右的細刀，再緊密地捲起來即可。

韓式常備菜

▌ 韓國五色料理

　　傳統韓國文化與漢人傳統醫學概念相似，有所謂的「五方色」，分別為青、紅、黃、白、黑等色。這五方色的概念，常出現在韓國人的日常餐桌和宴會料理之中。紅色的食材像是紅辣椒、紅棗、紅豆、紅甜椒、泡菜；青色食材則像是芹菜、菠菜、櫛瓜、黃瓜、蔥等；黃色食材像是蛋黃、栰子；白色食材則是蛋白、松子、白芝麻；黑色食材有木耳、牛肉、香菇等。有這五色元素，就能構成基本的韓式料理，所以要想想如何搭配出好吃又美味的五色，一個不只是用來「吃」，更是用來「想」的食物文化。

▌ 韓國五色料理

　　韓國家庭必備的萬用「媽媽醬」，用來醃肉或當烤肉醬汁不可或缺的重要角色。所以我們從製作醬開始！

84 自製媽媽醬

冷藏保存
7-10日

材料

- 水…300ml
- 醬油…2量米杯
- 糖…3/4量米杯
- 大蒜…1/4量米杯
  （嗜蒜者可以加至
  半杯）
- 黑胡椒…1大匙
- 洋蔥…1/2顆
- 小型蘋果1顆（中型
  蘋果2/3顆or水梨）

How to make
做法

1 將所有材料放進果汁機，打勻。

2 裝入消毒乾淨的玻璃器皿中，冷藏
保存7～10天內，盡早使用完畢。

Tips

果汁機剛打完時會產生很多泡泡，
靜置一會兒再裝瓶。果泥可另取
部分來醃肉，是軟化肉質相當好的
醃料。裝瓶時3/4醬汁：1/4果泥比
例，使用前請先攪拌均勻。

搭配使用的醬料：

市售泡菜　韓式豆瓣醬（拌飯醬）

自製媽媽醬　韓式麻油　韓式辣醬

85 媽媽醬醃漬牛雪花

冷藏保存
5日

材料

· 牛雪花肉片…1

調味料

· 媽媽醬P.163果泥…3～4大匙
· 醬汁…1大匙

How to make
做法

將牛雪花與調味料拌勻，
醃漬半小時以上。

｛常備菜｝

材料 · 木耳…1片切細絲　菠菜…1把切成3～4cm長　紅蘿蔔…1/2根切絲
· 新鮮香菇…5朵切薄片（用乾香菇製作也可以，香氣更濃）

How to make
做法

將所有食材分
開用芝麻油炒
熟，加入少許
鹽調味即可。

86 韓式涼拌黃豆芽

冷藏保存
5日

材料

・黃豆芽…1包

調味料

・大蒜末…1小匙
・芝麻油…1大匙
・鹽…少許
・糖或味醂…1小匙
・白芝麻…2小匙

How to make
做法

1 黃豆芽洗淨後水滾下鍋，中小火煮15～20分鐘，煮軟去除豆腥味。

2 煮軟後瀝乾水分，趁熱加入所有調味料、拌勻。分成2盒，一盒原味，另一盒再加入：韓式辣味噌1小匙、少許韓式辣椒粉，做成辣味涼拌黃豆芽。冷藏一晚會更入味好吃。

87 韓式烤肉飯

①
人份

材料	・醃漬好的牛雪花…4～5片，切成3cm適口大小 ・蛋…1顆 ・芝麻油…1小匙 ・洋蔥…1/4顆切絲 ・白飯…1碗
常備菜	・菠菜、紅蘿蔔絲、涼拌黃豆芽、市售泡菜適量
調味料	・媽媽醬（P.163）…2大匙 ・海苔粉…少許

How to make
做法

1 以芝麻油1小匙，將洋蔥絲炒到呈微透明狀。

2 加入醃漬好的牛雪花片下鍋拌炒，再加入2大匙媽媽醬調味。

3 另起一鍋，少油將鍋均勻塗一層油。熱鍋後轉中小火，將蛋打入鍋中，煎到蛋白凝固後，轉小火蓋鍋蓋燜煎10秒，熄火。不開蓋再燜10秒左右起鍋，即完成了半熟荷包蛋。

4 白飯鋪上炒好的烤肉，再將其他常備菜依序擺放。最後再擺上半熟荷包蛋，撒上一點點海苔粉，為荷包蛋增添了可愛度。

88 雜菜拌冬粉便當

（1 人份）

材料

- 韓式冬粉…1/4包
- 醃漬牛雪花…5～6片
  切成肉絲
- 洋蔥…1/4顆切絲
- 蛋…1顆
- 白芝麻…適量

調味料

- 媽媽醬…2大匙
- 芝麻油…1大匙

本篇常備菜

- 香菇、紅蘿蔔絲、菠菜、木耳適量

How to make
做法

1 將冬粉煮軟，大約要煮個7～8分鐘才會軟；此時另起一鍋先煎蛋皮。將蛋白及蛋黃分開製作薄蛋皮，煎好後切絲備用。

2 煎蛋皮的鍋子加入少許芝麻油，繼續炒洋蔥，炒至洋蔥呈透明狀，再加入醃漬好的牛雪花肉絲一起拌炒，牛肉熟了即可起鍋。

3 將煮軟的冬粉沖冷水冰鎮，瀝乾水分後，拌入1大匙的芝麻油，冬粉才不會黏成一團。

4 取一鋼盆，將所有食材加入（包括其他常備菜），並加入2大匙媽媽醬拌勻，最後再撒上適量的白芝麻，即完成。

1

2-1

3-1

3-2

Tips

＊煮冬粉時也可在水裡加入2大匙醬油，冬粉煮出來會有醬色。

89 韓式牛肉飯卷&烤肉冬粉便當

{ 烤肉冬粉 } 2人份

材料

- 芝麻油…1大匙
- A
  - 蔥…1根，切3cm長段
  - 紅蘿蔔…3～4片，切絲
  - 洋蔥…1/4顆，切絲
- B
  - 金針菇…半包
  - 韓式冬粉…1/4包，泡水半小時以上備用
  - 醃漬牛雪花片…6～7片切成適口3cm大小
- 菠菜…1小把切3cm長段

調味料

- 媽媽醬（P.163）…4～5大匙

1-1

How to make
做法

1-2

1 將A用1大匙芝麻油煸香炒軟，再將B放入鍋中快速拌炒。

2 加入調味料將肉炒熟、冬粉炒軟，加入菠菜拌入炒熟，即完成。

{ 韓式牛肉飯卷 } 2 卷份

材料

- 壽司海苔…2片
- 熱飯…1½碗
- 醃漬牛雪花肉…2片
- 蛋…1顆
- 芝麻油…少許
- 鹽…少許

本篇常備菜

- 紅蘿蔔絲、木耳絲、菠菜適量

Tips

正統的韓式吃法是在飯卷切開之前，再塗上一層芝麻油增添香氣，但個人覺得太油，所以省略此步驟。喜歡芝麻香氣重一點的朋友，可在飯卷切之前再塗一層芝麻油。

How to make 做法

1 蛋加入少許鹽拌勻，鍋中均勻塗一層油，小火將蛋液全下鍋均勻攤平。蛋液凝結後直接對折起來製成厚蛋皮。起鍋放涼後，切成1cm寬的厚蛋絲備用。

2 飯趁熱拌入少許芝麻油及鹽，充分拌勻待涼備用。

3 海苔的粗面朝上，亮面朝下，放於壽司竹簾上，依序擺上飯、常備菜，煎好的牛雪花肉片，將食材捲起來。捲好後，一手握飯卷一手拉緊竹簾，讓飯跟海苔緊緊結合，靜置幾分鐘，待海苔變軟，飯及食材就會緊密黏合了。

4 準備一張乾淨的濕布或廚房紙巾沾濕。每切一刀，將刀子擦乾淨再切，否則刀面上殘留的米飯會拉扯切口，壽司就不漂亮了。

90 韓式拌飯

清冰箱料理，最簡單的就是做成「拌飯」，再煎一顆半熟荷包蛋，劃開蛋黃伴隨著蛋汁，把所有食材拌一拌，就變成最經典的韓國國民美食。食材各別用炒或汆燙的方式也可以。最重要的是一定要加入芝麻油，以少許鹽做調味。

材料	· 翼板牛肉絲…1/3碗量，用媽媽醬（P.163）醃漬半小時以上。
	· 紅蘿蔔…3片　· 菠菜…1小把切3cm長段　· 蛋…1顆
常備菜	· 淺漬紫色高麗菜…適量　· 涼拌黃豆芽…適量　· 市售泡菜…適量　· 白飯…1碗
調味料	· 媽媽醬…1大匙　· 芝麻油…2小匙　· 鹽…少許　· 韓式豆瓣醬…1小匙（拌飯醬）

How to make
做法

1 紅蘿蔔片與菠菜一起下鍋煮熟，菠菜瀝乾，拌入1小匙芝麻油及少許鹽拌勻，備用；紅蘿蔔切成細絲，一樣拌入1小匙芝麻油及少許鹽拌勻，備用。

2 少許芝麻油熱鍋，中小火將蛋放入鍋中，當蛋白凝固時，轉小火蓋鍋蓋燜煎1分鐘熄火，餘溫再燜1分鐘後，起鍋備用。

3 煎完荷包蛋的鍋子直接用來炒翼板牛肉絲，加入1大匙媽媽醬調味，炒熟備用。

4 所有食材都就緒後，開始組合。白飯裝盛好，先擺上半熟荷包蛋，再依喜好整齊的將所有食材排列好，最後加上一小匙的韓式豆瓣醬，即完成。

一週常備菜
&便當示範

Week 1

▌ 常備菜

運用閒暇時間預先做好，短期間內食用完畢，冷藏保存於冰箱，隨時能取用的食物們。以冷藏保存為主，少部分的常備菜也適合分裝冷凍，延長保存期限。

▌ 常備菜的食用方法

常備菜除了燉煮品及肉類之外，基本上不加熱。因為大多為涼拌菜，均可冷藏取出直接食用。吃不習慣冷食者，則用乾淨筷子適量取出，再微波加熱30秒～1分鐘。以下常備菜均可冷藏保存3～7天，越早吃完越好。青菜建議2～3日內食用完為佳，再逐日增加單品及主菜即可。

▌ 製作與清理廚房所需時間？

1.5小時是必要的，但之後5天的便當日都能輕鬆上菜！也可以每日利用閒暇空檔，逐日增加品項。

91 涼拌四季豆

92 味噌肉末

冷藏保存
5н

冷藏保存
5日

材料

- 四季豆…1袋
- 紅蘿蔔…3片

調味料

- 蒜末…1小匙
- 芝麻油…1小匙
- 烹大師鰹魚粉…1小匙
- 鹽…少許

How to make
做法

1 四季豆將兩端去除粗纖維、切斜段；紅蘿蔔洗淨切絲，備用。

2 將做法1燙熟、瀝乾，加入上述調味料拌勻，即完成。

材料

- 豬絞肉…200g

調味料

- 糖…1大匙
- 薑末2片
- 白味噌醬…60g（紅白味噌不拘，差別只在炒出來的色澤，使用家中現有的味噌即可）

How to make
做法

1 平底鍋裡加入少許油，將豬絞肉煸香。

2 加入糖、薑末拌炒。

3 加入味噌醬，炒至入味即可。

Tips

如何炒出不柴的絞肉？
以絞肉100g為例：加2大匙水、鹽1g、糖1g拌均，靜置10分鐘再炒。肉質比較多汁，不會因為加熱炒過而流失水分。

93 醬漬溏心蛋

材料

・蛋3～5顆（家庭人數多
　者可一次多做數顆，醬
　汁再自行增加）

醬汁

・薑泥…1大匙
・濃縮2倍的鰹魚露…3～4大匙
・味醂…1大匙
・薑蜜…1大匙（CH2P.39）

How to make
做法

1 雞蛋在底部氣室的地方打洞，備用。

2 水滾後，將蛋用大湯匙小心的放入鍋中，轉中小火計時約6～7分鐘，並輕輕攪動一下，約20秒，讓蛋黃固定於中間。

3 冷藏取出的蛋請滾水計時7分鐘；常溫蛋請計時6分鐘20秒左右。這是個人喜愛的口感，可以多試幾次找出自己喜歡的熟度。

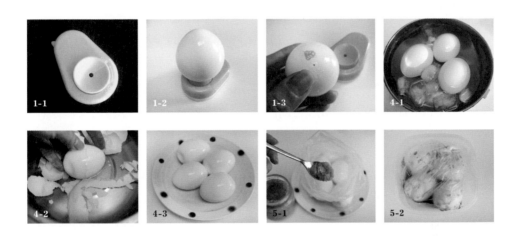

4 煮好後沖冷水冰鎮，並用湯匙輕敲蛋殼，泡著約5分鐘再於冰水裡去殼。在水裡去殼表面會很光滑，不會有凹洞。

5 用塑膠袋將蛋裝起來，再加入醬汁浸泡一晚即可。（塑膠袋裝起來，能減少醬汁的用量）

Tips

＊醬汁不加水稀釋，所以無須煮過。能重複利用一星期，依照以上步驟將煮好的蛋再浸泡醬汁即可。一星期後醬汁可再利用來滷肉，不要浪費哦！
＊大創購買的雞蛋打洞器，於雞蛋底部氣室的位置打洞，能幫助蛋裡的空氣排出。

94 梅漬蜜番茄

材料　・小番茄⋯25顆

醬汁　・水⋯75cc　・冰糖或二砂糖⋯2大匙

　　　・甘甜梅⋯2顆　・蜂蜜⋯1大匙

冷藏保存
7日

How to make
做法

1 將每顆小番茄在表皮上劃2淺刀,水滾後下鍋燙20秒左右,立即撈起冰鎮去皮。

2 另起一鍋煮醬汁,煮至糖溶化後熄火。

3 待醬汁涼了之後,將去皮的小番茄放入醬汁中,浸泡半天以上即可食用。當前菜、小菜、便當菜都很適合!

95 淺漬紫色高麗菜

冷藏保存
3星期

材料

・紫色高麗菜⋯1/4顆
・白蘿蔔壓花隨喜好添加

調味料

・鹽⋯少許
・蘋果醋⋯2～3大匙
・蜂蜜⋯1大匙
・糖⋯1大匙
（嗜酸者就醋多一點、嗜甜者就蜜多一點。）

How to make
做法

1 將紫色高麗菜切絲,加入少許鹽巴去除生澀味,靜置5分鐘左右,倒掉鹽水。

2 加入鹽巴以外的所有調味料拌勻,冷藏半天以上即可食用。

96 淺漬小黃瓜

一週一常備菜&便當示範當

冷藏保存
5日

材料　・小黃瓜…1條

調味料　・鹽…少許　・糖…2小匙

How to make
做法

1 將小黃瓜洗淨、切薄片，加入少許鹽去除生澀味。

2 做法**1**靜置5分鐘後擰乾水分，再加入糖拌勻，冷藏半天以上，入味即可食用。

---

97 涼拌黃豆芽

冷藏保存
5日

材料

・黃豆芽…1包

調味料

・大蒜末…1小匙
・辣椒…隨喜好增減
・香油…1大匙
・鹽…少許
・糖或味醂…1小匙
・白芝麻…2小匙
（重口味者可再加入韓式辣味噌1小匙、少許韓式辣椒粉、做成韓式口味涼拌黃豆芽）

How to make
做法

1 將黃豆芽洗淨後水滾下鍋，中小火煮15～20分鐘，煮軟去除豆腥味。

2 煮軟後瀝乾水分，趁熱加入上述所有調味料，拌勻放涼冷藏一晚，會更入味好吃。

· One Week No ·
98 味噌肉末
黃豆芽

· One Week No ·
100 辣油涼拌
紅蘿蔔絲

冷藏保存
5日

How to make
做法

將P.177涼拌好的黃豆芽取一半，加入P.173味噌肉末2大匙，拌勻即可。

冷藏保存
3-4日

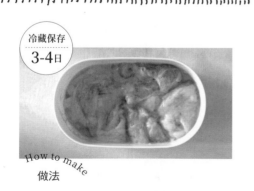

How to make
做法

冷藏保存
5日

材料

· 紅蘿蔔…1/3條

調味料

· 鹽…少許
· S&B辣油…數滴（嗜辣者可加1匙）
· 糖…1小匙
· 白芝麻…隨喜好添加

How to make
做法

1 將紅蘿蔔切絲，加入少許鹽巴去生，靜置5分鐘後擰乾水分。

2 加入辣油及糖，拌勻即可。

去骨雞腿肉1片，用市售日清醬油風味炸雞粉，依包裝背面比例說明醃漬。個人覺得包裝背面的比例1包：2片去骨雞腿肉：100cc水有點太鹹，習慣以1包：4片去骨雞腿肉：100cc水的比例，來醃漬較順口。此次使用去骨雞腿肉1片：炸雞粉1/4：水25cc醃漬。詳細做法參考CH 4便當主菜P.76。

One Week No.

101 蜂蜜芥末籽醬油菜花

冷藏保存 3日

材料　・油菜花…1小把

調味料　・蜂蜜芥末籽醬…1大匙　・鰹魚醬油…1大匙

How to make
做法

1 將油菜花洗淨後,切成3公分左右的適口大小。

2 水滾後加入少許鹽巴,梗的部分先下鍋燙40秒,花葉的部分再下鍋燙20秒,迅速起鍋,沖冷水冰鎮。

3 將冰鎮後的油菜花確實擰乾水分,加入蜂蜜芥末籽醬及鰹魚醬油拌勻,即完成。

One Week No.

102 馬鈴薯蛋沙拉

冷藏保存 5日

材料　・馬鈴薯…1顆　・蛋…1顆

　　　・淺漬小黃瓜片…適量

　　　・紅蘿蔔…1/5條　・美乃滋…2大匙

How to make
做法

1 將馬鈴薯去皮切大丁,1/5條紅蘿蔔去皮,蛋洗淨後一起直接冷水下鍋煮。大約中小火煮10分鐘左右,用筷子戳看看,確認熟度後起鍋,瀝乾。

2 將水煮蛋的蛋白、蛋黃分開,蛋黃與瀝乾的馬鈴薯用叉子搗成泥狀。

3 將紅蘿蔔及蛋白切成細丁狀,拌入做法**2**,並加入擰乾水分的淺漬小黃瓜數片,美乃滋2大匙,拌勻即可。(可依喜好加一點點黑胡椒粉)

一週一常備菜&便當示範當

Day 1
日式唐揚雞便當

主菜	・日式唐揚雞 → 詳細做法參考CH4便當主菜 → P76
米飯	・栗子地瓜洗淨帶皮切小丁，與白米一起煮。
副菜	・蜂蜜芥末籽醬油菜花 → P179
	・醬漬溏心蛋 → P174
	・味噌肉末黃豆芽 → P178
	・梅漬蜜番茄 → P176
	・辣油涼拌紅蘿蔔絲 → P178
	・淺漬小黃瓜 → P177

Day 2
酥炸醬油風味鯖魚便當

主菜一

- **醬油風味酥炸鯖魚** → 詳細做法參考CH4便當主菜 → P120

  將鯖魚1片切成5～6等份適口大小，仔細地將魚刺去除後，以醬油2小匙、酒2小匙、薑泥1小匙醃漬10分鐘。再將醃好的鯖魚表層拍上一層薄薄的片栗粉或太白粉，以180℃熱油炸至表面呈金黃色即可。鹹香下飯很好吃喲！

副菜

- **醬漬溏心蛋** → P174
- **淺漬小黃瓜** → P177
- **辣味涼拌紅蘿蔔絲** → P178
- **涼拌黃豆芽** → P177
- **蜂蜜芥末籽醬油菜花** → P179
- **梅漬蜜番茄** → P176
- **栗子地瓜飯**

主菜二

- **酒蒸鹽麴豬肉卷** → 詳細做法參考CH4便當主菜 → P88

  常備菜的涼拌四季豆，用豬五花肉片包起來，放於平底鍋中，加入2大匙米酒及1小匙鹽麴，開中小火蓋上鍋蓋燜蒸2～3分鐘。至酒精揮發、收乾湯汁即可。（調味料是2卷對切4塊的分量，多卷則再自行斟酌調味）

Day 3
糖醋雞肉便當&韓式拌飯便當

〔韓式拌飯〕

常備菜中有涼拌黃豆芽及辣味涼拌紅蘿蔔絲時，有這2個元素，再加入一種綠色蔬菜，適當搭配現有的常備菜，很適合來個韓式拌飯。

How to make
做法

1 常備菜的味噌肉末加少許辣油拌炒、即成了另一種風味的下飯主菜。

2 再炒個蛋鬆配色，將現有的常備菜擺齊，並加入韓式料理的主角「泡菜」，中間再擺上醬漬溏心蛋，即是簡易版人人都能上手的韓式拌飯了。

{ 糖醋雞便當 }

日式唐揚雞炸奵之後，做成糖醋
口味即是好吃又下飯的便當菜。
炸雞肉的同時順便炸栗子地瓜。

糖醋醬汁

· 番茄醬…2大匙
· 醬油…1大匙
· 蒜末…1小匙
· 米酒…1小匙
· 糖…1大匙
· 烏醋…1大匙
· 太白粉水…2大匙。

其他食材

· 洋蔥、彩椒…各1/4
  顆切斜片
· 蔥段…1枝

How to make
做法

1 將洋蔥、蔥段爆香後，放入彩椒、炸好的栗子地瓜及唐揚雞翻炒。

2 加入調好的醬汁炒翻炒後，加入太白粉水勾芡，待雞肉表層吸附醬汁後即可
起鍋，再依喜好撒上一點白芝麻。

主菜 · 糖醋雞塊

副菜 · 焗烤馬鈴薯球 → P135
· 醬漬溏心蛋 → P174
· 昆布風味油菜花 → P46
· 淺漬小黃瓜 → P177
· 淺漬紫色高麗菜 → P176

Day 4
日式總匯便當

主菜　・日式唐揚雞 → 詳細做法參考CH4便當主菜 → P76

副菜　・玉子燒 → P150

　　　・味噌肉末黃豆芽 → P178

　　　・馬鈴薯蛋沙拉 → P179

　　　・迷迭香奶油鮭魚 → P114

　　　・淺漬小黃瓜 → P177

　　　・涼拌四季豆 → P173

Day 5
起司漢堡排便當

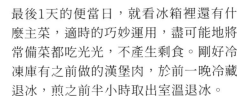

最後1天的便當日，就看冰箱裡還有什麼主菜，適時的巧妙運用，盡可能地將常備菜都吃光光，不產生剩食。剛好冷凍庫有之前做的漢堡肉，於前一晚冷藏退冰，煎之前半小時取出室溫退冰。

少油中小火將2面各煎1分鐘後，進烤箱以160℃烤4～5分鐘即可。若沒有烤箱，可以2面煎上色後轉小火，加20cc左右的水，蓋上鍋蓋燜煎，如此一來漢堡肉才不會太乾，能外香內多汁。煎好後，等充分冷卻再排上起司條，若是熱熱的擺上去會溶化成一團。

主菜　•起司漢堡排
→ 漢堡排詳細做法參考CH4便當主菜 → P80

副菜　•昆布風味油菜花 → P46
•醬漬溏心蛋 → P174
•淺漬紫色高麗菜 → P176
•辣油涼拌紅蘿蔔絲 → P178
•涼拌黃豆芽 → P177
•梅漬蜜番茄 → P176

Week 2

本週常備菜加入了3道蛋料理，因為蛋跟肉的料理是大人小孩都愛的便當菜，有蛋有肉的組合，包準便當盒裡不會有剩菜。

▎常備菜再運用

紅玉紅茶溏心蛋製作後，等待1～2日再品嚐風味更佳。由於溏心蛋實在是太好吃，通常非便當日的晚餐也會出現在餐桌上，以至常出現撐不過2天就被吃完的窘境。主婦就是要學會隨機應變，常備菜可以隨時遞增品項，吃完了再製作，醬汁可以連續浸泡使用一週。或可參考「蛋料理」中出現的蛋類食譜，隨機應變，最快速、方便的莫過於現做的玉子燒了。

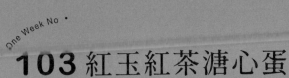

103 紅玉紅茶溏心蛋

冷藏保存
5日

材料

- 蛋…6～8顆
- 阿里山紅玉紅茶包…1個

調味料

- 開水…200cc
- 日式和風鰹魚醬油…50cc
- 味醂…50cc
- 八角…2個
- 米酒…1大匙

How to make
做法

1 先將溏心蛋做好，備用。（參考P.174）

2 將所有調味料煮滾，關火後放入紅茶包浸泡，放涼。

3 放入剝好的溏心蛋浸漬，冷藏一晚入味即可。（水煮鵪鶉蛋也可以一起浸漬）

104 三色蛋

冷藏保存
3日

材料

- 蛋…3顆
- 鹹鴨蛋…2顆
- 皮蛋…2顆

調味料

- 鹽…少許

How to make
做法

1 取一玻璃耐熱長方型器皿或琺瑯器皿,底部塗上一層油,鋪上一層烘焙紙。

2 皮蛋用電鍋先蒸熟,切丁時才不會讓蛋黃流出來,破壞美感。

3 鹹鴨蛋、皮蛋各2顆切丁,鋪在做法**1**的盒中。

4 將雞蛋的蛋白、蛋黃分開,蛋黃加少許鹽巴攪拌均勻,備用。

5 將蛋白均勻倒入做法**3**,電鍋外鍋加入1/3杯水,並用筷子架住鍋蓋,蒸出來比較漂亮。

6 電鍋跳起來後,再將攪拌好的蛋黃液,均勻倒入蒸好的做法**5**中,一樣外鍋1/3杯水,筷子架住鍋蓋,蒸熟立刻取出。

7 待涼後直接提起烘焙紙,將烘焙紙撕下,再均等切片。即完成了顏色分明又美味的三色蛋。

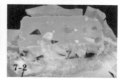

Tips

皮蛋買回後可以先冷藏半日,取出的蛋黃即是凝固狀,可以少一個蒸皮蛋的步驟。

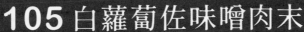

105 白蘿蔔佐味噌肉末

冷藏保存
5日

一週｜常備菜＆便當示範當

材料
- 白蘿蔔…1條　・薑絲…適量　・昆布…10cm一片
- 豬絞肉…120g（有雞絞肉更完美，雞絞肉較細，會有軟嫩的口感）
- 洗米水（用洗米水煮蘿蔔，能使白蘿蔔煮出來白皙不變色，無腥辣味）

調味料
- 紅味噌…2½大匙　・醬油…1小匙　・味醂…2大匙
- 砂糖…1大匙　・米酒…1大匙

How to make
做法

1　將白蘿蔔洗淨擦乾，切成約3～4cm厚，再沿著邊切下一層厚皮。

2　在切好的蘿蔔上劃十字刀，能使蘿蔔易熟透入味。

3　洗米水中放入昆布及蘿蔔，定時煮20分鐘，其間有燉煮的泡泡雜質要撈起。

4　煮好後裝入容器備用。

5　倒入少許油，將絞肉煸香，加入所有調味料，炒至水分微收乾，即可取出另裝容器。

1-1

1-2

6　適量取出煮好的白蘿蔔，加上炒香的味噌肉末，再搭配適量的薑絲品嚐。

2

3

189

106 牛雪花雙色甘薯卷&鵪鶉蛋卷

冷藏保存
3-4日

材料　・牛雪花肉片…1盒　・金時地瓜…1條
　　　・紫甘薯…1條　・鵪鶉蛋… 6顆

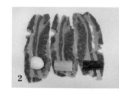

How to make
做法

1 將兩種地瓜洗淨去皮，切成3cm的長條狀，燙熟瀝乾。

2 再將做法1的地瓜及熟的鵪鶉蛋，用牛雪花肉片捲起來即可。品嚐時可以照燒
　或乾煎，再撒上胡椒鹽，依喜好變化即可。

3 用不完的地瓜可用保鮮膜捏製成茶巾地瓜球（P.130），豐富便當色彩。

107 異國風味涼拌四季豆

冷藏保存
5日

一週一常備菜&便當示範當

材料

· 四季豆…1把（約15根）
· 紅腰豆罐頭…2大匙
· 鷹嘴豆罐頭…2大匙

調味料

· 蘋果醋…1小匙
· 砂糖…1小匙
· 芝麻油…1小匙
· 香菜…依喜好添加

How to make
做法

1 將四季豆2端的粗纖維去除後，切成3cm 長度。

2 起一鍋水，加入少許鹽巴，將四季豆燙2 分鐘，起鍋瀝乾水分。

3 容器內加入所有調味料後，再將四季豆、 鷹嘴豆、紅腰豆一起拌勻即可。

108 檸檬風味涼拌黃豆芽

冷藏保存
5日

材料　・黃豆芽…1袋

調味料　・白醬油…1大匙　・檸檬汁…2大匙
　　　　・蘋果醋…1小匙

How to make
做法

1 將黃豆芽洗淨後，水滾下鍋，中小火煮
15～20分鐘，煮軟並去除豆腥味。

2 煮軟後，趁熱拌入所有調味料，拌勻放
涼冷藏1晚入味，會更好吃。

109 咖哩肉末

冷藏保存
5日

材料

・豬絞肉…200g

調味料

・咖哩塊…1塊
・米酒…1大匙

How to make
做法

1 將咖哩塊切碎備用。

2 以少油將豬絞肉煸香；加入切碎的咖哩塊與少許米酒拌
炒，炒至整體上色入味即可。

Day 1
牛雪花雙色卷飯糰便當

主菜
- 白蘿蔔佐味噌肉末（本篇常備菜P.189）
- 牛雪花雙色甘薯卷（本篇常備菜P.190）
- 玉米海苔風味飯糰（白飯＋玉米粒＋海苔粉拌勻，用保鮮膜包起來捏製）

副菜
- 異國風味涼拌四季豆（本篇常備菜P.191）
- 三色蛋（本篇常備菜P.188）
- 檸檬風味涼拌黃豆芽（本篇常備菜P.192）
- 便當增色的小番茄3顆

Day 2
咖哩風味嫩炒豬肉便當

主菜	• 白蘿蔔佐味噌肉末（本篇常備菜P.189）
	• 咖哩風味嫩炒松阪豬（CH4便當主菜P.94）
	• 紅玉紅茶溏心蛋／三色蛋（本篇常備菜P.187、188）

副菜	• 海苔風味起司炸竹輪、鮮菇炒桂竹筍、異國風味涼拌四季豆
	（CH4便當副菜P.131、145，本篇常備菜P.191）
	• 奶油玉米白飯：煮白飯時水量不變，加入3大匙罐頭玉米粒
	及1小塊奶油，與白飯一起煮。

Day 3
烤飯球與紫蘇風味月亮蝦餅

{ 烤飯球 }

How to make
做法

1 奶油玉米飯（或白飯）用保鮮膜捏成球狀，再於平底鍋煎到表面焦香，塗上一層市售烤肉醬或照燒醬即可。此處是使用章魚燒烤盤，一次做多顆時適用。

2 烤飯球製作完成後，再加上咖哩肉末及起司片或玉子燒切片。口味可依個人喜好變化。

主菜　· 烤飯球

· 照燒牛雪花鵪鶉蛋（本篇常備菜P.190）

· 紫蘇風味月亮蝦餅（CH4便當副菜P.139）

副菜　· 檸檬風味涼拌黃豆芽（本篇常備菜P.192）

195

Day 4
六色馬賽克便當

主菜	• 紅玉紅茶溏心蛋、照燒牛雪花雙色甘薯捲（本篇常備菜P.187、190）
六色配菜	• 咖哩肉末（本篇常備菜P.192）
	• 胡麻風味涼拌紅蘿蔔與四季豆，分開擺放（本篇常備菜P.129）
	• 炒南瓜丁：南瓜切成約10cm大小細丁，少油將南瓜丁炒熟，少許鹽調味即可。
	• 玉米筍圈：2根玉米筍燙熟，待涼切成圈即可。
	• 檸檬風味涼拌黃豆芽（本篇常備菜P.192）

Day 5
紅茶風味滷油雞飯

｛紅茶風味滷油雞｝

How to make
材料 ・去骨雞腿⋯2支 ・紅玉紅茶溏心蛋醬汁
做法

1 去骨雞腿肉先汆燙後，另起一鍋水，以中小火煮10分鐘。

2 將做法1雞肉取出，湯汁可另做成湯品或湯頭的運用。

3 紅玉紅茶溏心蛋的醬汁煮沸後熄火，將做法2煮好的去骨雞腿肉，皮面朝下浸泡3小時以上，即可入味。

Tips

因為紅玉紅茶溏心蛋使用日式鰹魚醬油，油雞的顏色略顯淡，但風味不減。若想醬色深一點，可再加入少許傳統醬油，增加醬色。剩下的滷汁還可再利用來滷肉哦！

副菜 ・玉子燒（CH4蛋料理P.150）
・檸檬風味涼拌黃豆芽（本篇常備菜P.192）
・異國風味涼拌四季豆（本篇常備菜P.191）

Chapter 5 .Foreign Food .

吮指肉食系便當

異國風味
肉類便當

1 辣味小黃瓜炒牛排便當

1 人份

How to make
燙油菜花

油菜花燙熟瀝乾，
趁熱拌入少許橄欖
油及鹽調味即可。

配菜

CH4・ 辣味涼拌小黃瓜 → 便當副菜 → P143

CH4・ 辣味涼拌小黃瓜炒牛排 → 便當主菜 → P84

CH2・ 水煮蛋 → 水煮蛋切法 → P53

2 紅酒燉牛肉便當

1 人份

配菜

CH4・ 平底鍋紅酒燉牛肉
　　　→ 便當主菜 → P85

CH4・ 高湯燙花椰菜
　　　→ 便當副菜 → P134

CH2・ 油醋醬漬紫色高麗菜
　　　→ 夾鏈袋及盒裝漬物 → P52

CH4・ 香煎荷包蛋 → P170

3　炸豬肉卷便當

異國風味—肉類便當

（1 人份）

配菜

CH6·	CH4·	CH4·	CH2·
紫蘇鮭魚蛋鬆飯糰	高湯玉子燒	玉米紫蘇風味炸豬肉卷	蘋果果雕
輕食系列 → P241	蛋料理 → P155	便當主菜 → P104	根莖類漬物，蘋果果雕 → P54

4　牛丼飯

材料　・牛雪花肉片…200g（萬用媽媽醬2～3大匙，醃漬半小時）
　　　・洋蔥…半顆切絲　・金針菇半包…對半切成約5cm長
　　　・春野菜：油菜花、甜豆、玉米筍…適量（燙熟備用）
　　　・蛋…1顆（半熟蛋或全熟蛋均可）　・小番茄…2顆　・飯…2碗

調味料　・萬用媽媽醬…2～3大匙（CH4P.163）

How to make
做法

1 少許油熱鍋，將洋蔥炒至呈透明狀，加入金針菇炒香。

2 將做法**1**移動到鍋邊，放入醃漬好的牛雪花肉片拌炒，加入2～3大匙萬用媽媽
醬，將所有食材炒勻，吸附醬汁即可。

3 飯裝好後，淋上炒好的做法**2**，再擺入春野菜及切半的蛋裝飾，即完成。

5 一口漢堡排便當

{ 紫蘇風味醬燒漢堡排 }

材料

- 漢堡肉…1顆（CH4 P.80）
- 紫蘇葉…1枚
- 油…少許
- 太白粉…適量
- 芝麻…少許

調味料

- 自製媽媽醬…2大匙（CH4 P.163）

How to make
做法

1 將漢堡肉分成4小球，表面撒上少許太白粉，將平底鍋加熱，倒入少許油，用中小火慢煎1分鐘再翻面，加入一點點水，蓋上鍋蓋再蒸煎2分鐘。

2 加入調味料煨煮1分鐘左右，讓漢堡肉完全吸附醬汁，即完成。

3 紫蘇葉捲起來切成細絲，搭配漢堡排一起品嚐，別具風味而且相當清香。

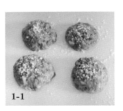
1-1

1-2

1-3

2

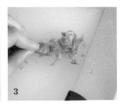
3

Tips
在漢堡排上撒少許太白粉，用意在讓肉好定型，也比較能夠吸附醬汁。

6 叉燒丼飯

1
人份

配菜

CH4·	一晚入魂醬漬叉燒 → 便當主菜 → P106	
CH4·	溏心蛋 → 蛋料理 → P174	
CH4·	淺漬小黃瓜片 → 便當副菜 → P177	
CH4·	涼拌菠菜 → 便當副菜 → P126	
CH2·	涼拌紅蘿蔔絲 → 便當副菜 → P122	

〔 延伸做法 〕

{ 炙燒風味叉燒飯 }

1
人份

How to make
一晚入魂
醬漬叉燒

取幾片冷藏叉燒,熱鍋後快速乾煎,表面微焦即可迅速起鍋。再將煎好的肉放回醬汁中泡一下,味道更甘醇。會有炙燒的口感,香氣更是不在話下。

配菜

CH4·	香煎荷包蛋 → P170	
CH4·	清炒高麗菜 → 便當副菜 → P132	

7 台式烤香腸便當

1 人份

{台式烤香腸}

材料

- 香腸⋯1條
- 蒜片、淺漬小黃瓜片⋯
  少許（CH4 P.177）
- 竹籤⋯1枝

How to make
做法

1 香腸進烤箱以160℃烤7～10分鐘。

2 取出後，劃數斜刀，再串入竹籤。

3 斜刀的細縫中，塞入蒜片及切對半的醃小黃瓜片，即完成。

配菜

CH4 ·	家常肉燥 → 人氣便當， 加入鵪鶉蛋及油豆腐滷製 → P66
CH4 ·	小蘋果造型玉子燒 → 蛋料理 → P151
CH4 ·	柚香金時地瓜 → 便當副菜 → P127
CH4 ·	高湯燙花椰菜 → 便當副菜 → P134
CH5 ·	柚子味噌佐土魠魚 → 海風十足魚類便當 → P219

8　串燒豬肉便當

{豬肉串燒}

材料

- 松阪豬肉塊或豬五花肉塊…4塊
- 蔥白…4段
- 孜然粉…少許
- 鹽…少許
- 竹串…2枝

How to make
做法

1 竹串將松阪豬肉塊間隔蔥段，2塊串成一串，進烤箱以180℃烤7～8分鐘，至表面呈金黃色，微焦即可。

2 撒上少許鹽及孜然粉調味，即完成。

How to make
三色飯糰

- **南瓜花椰菜飯糰：**1/2碗飯加入少許南瓜泥，煮熟的花椰菜末拌勻捏製。
- **鮭魚香蔥飯糰：**1/2碗飯加入少許煎熟的鮭魚肉、蔥花、黑芝麻拌勻捏製。
- **淺漬白蘿蔔飯糰：**1/2碗飯加入淺漬白蘿蔔醬汁，拌出淺紫色飯糰捏製。

9 洋蔥燒肉便當

1 人份

材料

- 豬五花肉⋯半盒（約100g）
- 洋蔥⋯1/4顆
- 紅、黃彩椒⋯適量
- 紫蘇風味飯香鬆⋯適量
- 芽蔥⋯適量（可省略）

調味料

- 市售燒肉醬
- 醃肉⋯1大匙
- 醬燒⋯1大匙

How to make
做法

1 豬五花肉片用1大匙燒肉醬，醃漬5分鐘。

2 洋蔥與彩椒均切成細絲，用平底鍋倒入少許油炒熟。

3 將做法**2**移到鍋邊，把做法**1**加入一起拌炒，加入1大匙燒肉醬汁炒入味即可。

Tips

＊五花肉片可加入燒肉醬與洋蔥、甜椒一起醃漬。冷藏保存3日，冷凍保存2星期。

＊冷凍取出時，直接用平底鍋以中小火蓋上鍋蓋，燜蒸3分鐘，再炒幾下即可。洋蔥冷凍後直接炒，會比新鮮洋蔥更快軟化，更為入味。

〔延伸做法〕

可加入適量的高麗菜一起拌炒，再以味噌醬1小匙調味，增加蔬菜纖維，口感爽脆又美味。

配菜

CH4 · 蔥花菜脯厚蛋燒 → 蛋料理 → P157

· 高湯燙羅馬花椰菜

CH2 · 淺漬蘿蔔 →小夾鏈袋及盒裝漬物 → P51

10 起司歐姆蛋松阪豬便當

﹛起司歐姆蛋﹜

材料

· 單人平底鍋
· 蛋…1顆

調味料

· 牛奶…1大匙
· 鹽…少許
· 起司…1片
· 油…1小匙
· 番茄醬…適量
· 白芝麻…少許

How to make
做法

1 雞蛋加入少許鹽，及1大匙牛奶拌勻。

2 1小匙油熱鍋，讓油均勻分布在鍋中，將做法1的蛋液全部倒入鍋中。

3 轉小火用筷子快迅畫圓圈，當蛋液邊開始凝結後，迅速將起司捏成小片，置於蛋上，並且熄火。

4 用鏟子將蛋對折，鍋中餘溫足以讓起司溶化，而且蛋能呈現7～8分熟的嫩度，是絕佳的口感。

5 番茄醬擠在蛋上，用筷子輕輕點上白芝麻排列，裝飾成草莓造型，增添便當的可愛度。綠葉可用薄荷葉或煮熟的花椰菜末裝飾。

   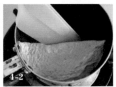

配菜

CH4·	CH4·	CH2·
馬鈴薯咖哩炒松阪豬	涼拌紅蘿蔔絲	梅漬蜜番茄
便當主菜 → P95	便當副菜 → P122	鏈袋及盒裝漬物 → P176

11 塔香肉末便當

材料

- 大麥豬絞肉…200g
- 牛番茄…1顆
- 九層塔…1小把
- 蒜末…2～3顆
- 辣椒…半根
- 蛋…2顆

調味料

A ┌ ・油…少許
　└ ・糖…1小匙

B ┌ ・檸檬汁…半顆
　├ ・魚露…1大匙
　└ ・醬油…1大匙

How to make
做法

1 倒入少許油熱鍋，先將豬絞肉煸香，並加入1小匙
糖炒到豬肉呈焦糖色。

2 加入蒜末、辣椒拌炒；加入調味料B及番茄細丁，
繼續拌炒1分鐘。

3 熄火前，趁餘熱放入九層塔拌炒，即可起鍋。

4 煎顆7分熟的荷包蛋拌著飯吃，非常開胃下飯。

Tips

＊大麥豬沒有肉腥味，所以不需嗆酒去
腥，一般豬絞肉若怕肉腥味，在做法
1時可以嗆一點米酒。

＊喜歡吃泰式打拋豬的朋友，可以炒多
一點起來，隔日早餐夾白饅頭吃，也
是很不錯的搭配。

12 照燒蘆筍豬肉卷便當

1 人份

｛照燒蘆筍豬肉卷｝

材料

- 豬五花肉片…4片
- 蘆筍…4根
- 片栗粉…適量（太白粉可）
- 油…少許
- 白芝麻…少許（可省略）

調味料

- 薄鹽醬油…1大匙
- 米酒…1大匙
- 糖…1小匙

How to make
做法

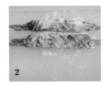

1 蘆筍去除根部粗纖維，燙熟備用。

2 豬五花肉2片包2根蘆筍，捲好後在表面撒上少許片栗粉。

3 倒入少許油熱鍋，將捲好的肉卷入鍋中煎至表面呈金黃色，再將所有調味料下鍋醬燒入味，起鍋再撒上少許白芝麻，即完成。

配菜

CH7・	馬鈴薯香腸沙拉 → 輕食類 → P234
CH4・	玉子燒 → 蛋料理 → P150
CH4・	香煎鮭魚 → 海風十足魚類便當 → P221
CH5・	竹輪四季豆卷 → 海風十足魚類便當 → P221

13 蘋果豬排便當

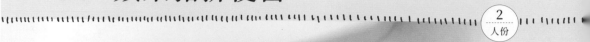

2
人份

{ 金針菇炊飯 }

材料

- 米…1杯
- 金針菇…半包

做法

1 將金針菇切成米粒差不多大小的細度,加入洗好的米中。

2 加入調味料,以電子鍋煮熟即可。

調味料

- 水…1杯
- 橄欖油…1小匙
- 冰塊…4顆

Tips

＊金針菇有豐富的膳食纖維,與米飯一起食用可以減少20%卡路里的吸收,增加飽足感。
＊一杯米煮出來有1½杯米的分量,不知不覺中,吃下米飯的同時也能多攝取膳食纖維。

{蘋果豬排}

材料

- 豬里肌肉⋯2片
- 小蘋果⋯1顆
- 麵粉⋯少許
- 橄欖油⋯2大匙

調味料

- 米酒⋯2大匙
- 醬油⋯2大匙
- 味醂⋯1大匙
- 蘋果泥⋯1大匙

How to make
做法

1 豬里肌肉用2大匙米酒醃漬10分鐘。

2 小蘋果1/5顆去皮磨成泥,其餘切成小丁備用。

3 做法1加入米酒以外的其他調味料,再醃漬20分鐘。

4 醃好的肉取出,在表面撒上少許麵粉,以橄欖油熱鍋,
  下鍋煎製。

5 做法4翻面後,將蘋果丁放入一起煎熟,最後再把醃肉
  的調味料倒入鍋中,醬燒至湯汁收乾,即完成。

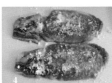

配菜

CH4・ 醬漬溏心蛋 → 蛋料理 → P174

CH2・ 油醋醬漬紫色高麗菜 → 夾鏈袋及盒裝漬物 → P52

CH4・ 鮪魚玉米紅蘿蔔炒蛋 → 便當副菜 → P141

14 京醬肉絲便當

｛金針菇蔥花厚蛋燒｝

材料

- 蛋…1顆
- 金針菇…約 40～50g
- 蔥花…半根

調味料

- 白醬油…1小匙
- 鹽…少許

How to make
做法

1 將金針菇切約0.5cm，與所有食材及調味料拌勻備用。

2 少許油熱鍋，以小火將做法1全部倒入鍋中，快速以筷子攪拌至蛋凝固後，將其對折。

3 翻面將兩面都煎至呈金黃色，即可起鍋。待冷卻後切成4等份，即完成。

1

3

5-3

配菜

CH4· 京醬肉絲 → 便當主菜 → P102

CH2· 淺漬粉紫蘿蔔絲 → 夾鏈袋及盒裝漬物 → P52

海風十足
魚類便當

15 DHA元氣魚壽司便當

材料

- 冷凍鰻魚…1尾
- 冷凍鹽漬鯖魚…1尾
- 蛋…1顆
- 紫蘇菜…4片
- 白芝麻…少許
- 海苔…1片（剪成6等份長條狀）
- 熱飯…2碗
- 保鮮膜…40cm1張

調味料

- 白醋…2大匙
- 糖…1大匙

How to make
壽司飯

熱飯加入調味料趁熱拌勻，需要不停拌到散熱為止。壽司飯靜置2～3分鐘，可讓醋吸附米飯比較不濕黏好製作，分成2份備用。

How to make
關西風烤鯖魚
押壽司做法

1 鯖魚進烤箱160℃烤8～10分鐘，期間要翻面一次，烤熟取出待涼，備用。（若無烤箱，用煎的亦可）

2 蛋打勻，製作成蛋鬆，與1碗壽司飯、少許白芝麻拌勻，備用。

3 烤好的鯖魚由中間輕輕往外翻，會看到很多大根魚刺，仔細將魚骨挑出。魚片兩側幼刺很多，可以直接切除。

4 取一張40cm長的保鮮膜，將做法**2**的壽司飯捏成與鯖魚等長大小的飯卷。在飯卷擺上3片紫蘇葉，再將做法**3**去除好魚刺的鯖魚擺在紫蘇葉上，再將保鮮膜捲緊。（可以多捲1層保鮮膜）

5 用壽司捲簾將做法**4**捲緊，兩端以橡皮筋固定，靜置5分鐘。

6 切片時連同保鮮膜一起下刀，每切一刀用乾淨的濕布擦拭刀身，才不會因為米飯沾黏在刀身，切面不好看，切完後再將保鮮膜取下。

7 紫蘇葉捲起來切成細絲，搭配少許白芝麻點綴在烤鯖魚上，即完成。

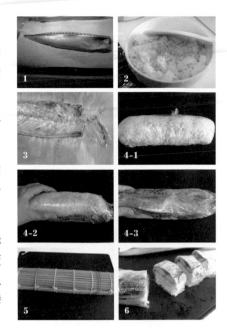

How to make
烤鰻魚壽司
做法

1 壽司飯用工具製成6顆握壽司飯，備用。

2 鰻魚進烤箱以160℃加熱2分鐘，取出後待涼，切成與壽司飯等寬大小。

3 用剪好的海苔將做法**1**、**2**捲起來，表面撒上少許白芝麻，即完成。

How to make
芝麻油涼拌
油菜花

油菜花燙熟瀝乾後，趁熱拌入芝麻油及鹽調味，即完成。

16 地瓜糙米飯鮭魚豬肉卷便當

1 人份

How to make

地瓜糙米白飯

1 糙米與白飯1：1洗好瀝乾，加入1條洗淨帶皮、切成丁狀的金時地瓜。

2 水量2.2杯，浸泡半小時左右，再用電子鍋按「煮飯」功能鍵煮即可。

配菜

CH4· 迷迭香奶油鮭魚 → 便當主菜 → P114

CH4· 花朵蛋&花朵火腿 → 蛋料理 → P160

CH4· 紫蘇風味豬五花菜卷 → 便當主菜 → P101

CH4· 高湯燙羅馬花椰菜 → 便當副菜 → P134

Tips

讓米飯更好吃的小祕訣：水量2杯不變，加入4～5顆冰塊，及2～3滴油。冰塊在浸泡的過程慢慢溶解，讓米粒在低溫狀態進行烹煮，可使甜味釋放出來。而油會讓米粒更有光澤，而且比較蓬鬆。或可將米在前一晚先洗好冷藏，隔日再使用。不加地瓜的水量則是米水1：1，冰塊2顆。

17 柚子味噌烤土魠魚便當

1
人份

{豬肉溏心蛋飯糰}

材料

- 醬漬溏心蛋…1顆
- 溫飯…2/3碗
- 豬里肌肉片…3～4片
- 太白粉…少許
- 海苔粉…少許
- 油…適量
- 保鮮膜…1張

{柚子味噌烤土魠魚}

材料

- 土魠魚…1塊

調味料

- 柚子味噌…1小匙
  （CH2 P.41）

How to make 做法

1 土魠魚洗淨擦乾，烤盤墊上一張烘焙紙，以160℃烤7～10分鐘，至表面金黃酥脆。

2 在魚肉上佐1小匙柚子味噌醬，再進烤箱烤2分鐘即完成。味噌烤過後，更能增添香氣。

配菜

CH2 · 柚子風味淺漬白蘿蔔 → 夾鏈袋及盒裝漬物 → P45

CH4 · 雞胸肉火腿 → 便當主菜 → P110

CH4 · 涼拌紅蘿蔔絲 → 便當副菜 → P122

How to make 做法

1 將取1張保鮮膜將溫飯鋪平，中間擺放醬漬溏心蛋包裹起來，輕輕塑形捏成圓形。

2 豬里肌肉包裹上做法**1**的飯球，表面拍一層太白粉，少油下鍋，煎至表面呈金黃色即可起鍋，待冷卻後再切對半，撒上海苔粉即完成。

18 香煎秋刀魚便當

1 人份

材料

- 秋刀魚…半尾
- 鹽…少許
- 油…適量

How to make
做法

1 秋刀魚洗淨擦乾，魚身兩面各劃2斜刀，抹上一點點鹽，少許油熱鍋，將秋刀魚下鍋以中小火煎，不要太快翻面，皮反而容易破。

2 煎1分鐘左右，等魚皮香酥後很好翻面，將2面煎到表面恰恰香酥，即可起鍋。

How to make
黑白芝麻飯糰

將溫飯各半碗，用保鮮膜捏製成球狀，表面各沾點黑、白芝麻即可。

配菜

CH4·	四季豆起司竹輪玉子燒
CH4·	金沙四季豆 → 便當副菜 → P125
CH4·	日式唐揚雞 → 便當主菜 → P76
·	小缽中是現成市售綠咖哩調理包

220

19 香煎鮭魚鹽麴松阪豬便當

How to make

毛豆飯

熱飯一碗,拌入退冰的冷凍毛豆適量,再撒上少許黑芝麻,即完成。

配菜

CH4· 醬漬溏心蛋 → 蛋料理 → P174

CH4· 鹽麴迷迭香松阪豬 → 便當主菜 → P93

{香煎鮭魚}

How to make
做法

材料

· 去骨鮭魚片⋯1塊
· 鹽⋯少許
· 油⋯適量

1 鮭魚洗淨擦乾,表面拍少許鹽,熱鍋加入適量的油,將鮭魚下鍋煎。

2 不要太急著翻面,魚肉易沾鍋。以中小火煎1分鐘,再翻面,蓋上鍋蓋燜煎1分鐘,即完成。

How to make
竹輪
四季豆捲

將四季豆燙熟,塞入竹輪裡切等份,即完成。竹輪本身已是熟食可直接食用,不喜歡冷藏過的硬口感,可與四季豆一起汆燙,瀝乾再製作。

How to make
紫地瓜飯糰

一小球飯,加入煮紫地瓜的糖水拌勻,捏製即可。

221

20 香煎鮭魚歐姆蛋便當

〔歐姆蛋〕

How to make
做法

材料

· 蛋…1顆
· 牛奶…1小匙
· 奶油…少許

1 蛋液加入1小匙牛奶，均勻打散，備用。

2 熱鍋加入奶油，奶油融化後，轉小火將做法1的蛋加入，迅速用筷子攪拌至半熟狀態熄火。立即用鍋鏟將蛋趁熱包起來塑形，即完成。

2-1

2-2

{火腿起司卷}

材料

- 火腿…1片
- 起司…1片
- 保鮮膜…1張

做法

1 將火腿及起司重疊，緊緊捲起來。

2 用保鮮膜包起來捲緊，兩端打結綁緊固定，冷藏靜置10分鐘以上，取出切片即完成。（也適合前一日提早多做幾捲，當常備菜使用）

{蒜香鮭魚炒飯}

材料

- 白飯…1碗
- 蒜末…少許
- 胡椒鹽…少許
- 鮭魚肉末…適量
- 香油…數滴
- 蔥花…少許

做法

1 少許油煸香蒜末，加入鮭魚肉末炒香。

2 倒入白飯翻炒，加入胡椒鹽調味。翻炒至粒粒分明後，加入香油及蔥花快炒，即完成。

配菜

CH4· 迷迭香奶油鮭魚
便當主菜 → P114

CH4· 甜酒釀蔬菜豬肉卷
便當主菜 → P87

21 烤飯糰海陸便當

1 人份

How to make
醬油風味 烤飯糰

CH6 · 飯糰 → P246

三角飯糰捏好後，鍋中塗上一層薄薄的芝麻油，將飯糰下鍋煎。一面煎一面塗上鰹魚風味醬油。煎烤到表面呈微焦糖色即可。品嚐時，會先感受到芝麻油的香氣，接著是醬油的甘醇味。

How to make
柚子味噌 烤爐魚片

CH2 · 柚子味噌 → 自製萬能
醬料 → P41

爐魚片煎8分熟後，再塗上味噌進烤箱烤2分鐘。味噌烤過後更增添香氣。

配菜

CH4 · 奶油蒜香檸檬蝦 → 便當主菜 → P115

CH4 · 照燒鵪鶉豬肉丸 → 便當主菜 → P100

· 炒季節時蔬

22 鱸魚西京燒便當

1
人份

一
鱸
魚
西
京
燒
一

材料

・鱸魚片…2片（鮭或鱈魚片）

調味料

・鹽…少許

西京醬（2片魚的分量）

・白味噌2大匙、米酒1大匙、味醂1小匙，拌均勻即可。

How to make
做法

1 將鱸魚片洗淨擦乾，表面撒一點點鹽，靜置10分鐘去除腥味，再用廚房紙巾擦乾裝入塑膠袋。

2 將調好的西京醬裝入袋，抹勻靜置入半日，再以170℃烤10分鐘即可。

2

How to make
千層小黃瓜

小黃瓜切3cm長，2側用筷子架住，切千層細刀。筷子架住就不會切斷成薄片。撒少許鹽巴，靜置10分鐘即可。

配菜

CH4・	奶油蒜香檸檬蝦 → 便當主菜 → P115
CH4・	涼拌黃豆芽 → 一週常備菜 → P177
CH4・	茶巾紫地瓜 → 便當副菜 → P130
CH2・	水煮蛋切法 → 夾鏈袋及盒裝漬物 → P63

23 脆皮鮭魚酪梨丼

〔製作示範〕

1
人份

這是一道非常有層次的丼飯料理，熟成的酪梨吃起來的口感像生鮭魚。鮭魚肉煎熟後，香氣逼人而且有嚼勁，而煎到香酥焦脆的鮭魚皮，不僅能增添風味，吃起來也不膩口。

材料

- 鮭魚片…1片
- 酪梨…1/3顆切小丁
- 小番茄…4～5顆切小丁
- 美生菜…適量
- 溏心蛋…半顆（可省略）
- 白飯…適量

調味料

- 芝麻油…少許
- 鹽…少許
- 白芝麻…少許
- 芥末籽醬…1大匙
- 蜂蜜芥末美乃滋…1大匙

How to make
做法

1 將鮭魚的魚皮及魚肉分開，肉的部分切小丁，用少許芝麻油與魚皮一起下鍋煎，並撒上少許鹽調味。

2 魚肉煎熟立即取出，鮭魚皮可以煎久一點，煎到表面酥脆，再撒一點點白芝麻提香後起鍋，切成適口大小備用。魚肉煎熟後的幼刺比較好拔取，請仔細將幼刺取出備用。

3 酪梨跟番茄切小丁，用芥末籽醬加蜂蜜芥末美乃滋調味拌勻備用。

4 **組合：**白飯→生菜→鮭魚→酪梨番茄沙拉，最後再擺上半熟蛋，豐富整體層次感。

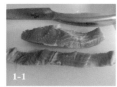

24 迷迭香奶油鮭魚便當

1 人份

主菜

CH4 · 迷迭香奶油鮭魚 → 便當主菜 → P114
CH4 · 金時地瓜豬肉卷 → 便當主菜 → P77

配菜

CH4 · 紅燒豆腐 → 便當副菜 → P126
CH4 · 醬燒金針菇 → 便當副菜 → P142

1 人份

主菜

CH4 · 迷迭香奶油鮭魚 → 便當主菜 → P114

配菜

CH4 · 柚香金時地瓜 → 便當副菜 → P127

· 季節時蔬

CH2 · 清燙花枝佐柚子味噌
　　　　 → 柚子味噌 → 自製萬能醬料 → P41

· 水煮蛋佐海苔鹽

Chapter 6 . *Time Lapse* .

縮時便當提案

輕食系列

三明治便當
&熱狗麵包三明治
&飯糰

1 烤雞排番茄蛋三明治

三明治便當

Time Lapse No.

1 人份

輕食系列

材料

· 吐司…2片
· 去骨雞腿排…1片
· 牛番茄薄片…3～4片
· 荷包蛋…1個
· 生菜…2片

調味料

· 黑胡椒…少許
· 鹽…少許
· 芥末籽醬…適量

How to make
做法

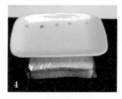

1 去骨雞腿排撒上少許黑胡椒、鹽，進烤箱以160℃烤15分鐘左右。（香腸一起烤，香腸約6～7分鐘先取出）

2 烤好的雞腿排先取出，靜置3～4分鐘，讓肉汁釋出再進行製作。此動作是防止三明治因吸收肉汁而潮濕。

3 組合：吐司上放一片生菜→擺上做法**2**的雞腿排，抹上適量的芥末籽醬，撒上少許黑胡椒和鹽→擺上3～4片的牛番茄薄片及荷包蛋→再擺1片生菜→最後蓋上吐司。

4 用保鮮膜將吐司緊緊包起來，用盤子壓住靜置3～5分鐘，讓食材融合為一體。

5 將刀具磨利，直接包著保鮮膜對切，要吃的時候再將保鮮膜撕開。

6 若要用烘焙紙隔在餐盒底層，則先將烘焙紙裁剪好，將其揉軟再攤開，鋪在餐盒底層，會比較軟順好擺放。

三明治便當

2 小黃瓜鮪魚玉米三明治

1 人份

材料

- 吐司…2片
- 玉米、鮪魚罐頭…半罐
- 小黃瓜…半條
- 生菜…2片
- 保鮮膜30cm×30cm…1張

調味料

美乃滋…1大匙
黑胡椒…少許

How to make
做法

1 小黃瓜刨成細絲，加少許鹽用手稍微抓一下，讓小黃瓜去除生澀味，靜置5分鐘後將鹽水倒掉，並擰乾小黃瓜水分，備用。

2 玉米鮪魚罐取出半罐，加入做法1的小黃爪絲及1大匙美乃滋拌勻。用湯匙擠乾水分，將多餘的水分倒掉。

3 吐司先放上一片生菜，再疊上做法2的材料，生菜是隔絕吐司與食材的重要配角，吐司才不會因此濕黏。再放一片生菜，最後再蓋上吐司。

4 用保鮮膜將吐司緊緊包住，靜置3～5分鐘再切。此動作是為了讓所有食材融合為一體，比較不易散開。

5 將刀具磨利，直接包著保鮮膜對切，要吃時再將保鮮膜撕開。

· Time Lapse NU

三明治便當

3 香腸蛋起司三明治

1
人份

輕食系列

材料

· 吐司…2片
· 香腸…2～3條
· 水煮蛋…1顆
· 起司…1枚
· 生菜…2片

調味料

· 黑胡椒鹽…少許

How to make
做法

1 將香腸以烤箱160℃烤6～7分鐘，烤熟待涼後，每條切成3～4等份的薄片備用。（結果有烤雞腿蛋三明治，去骨雞腿排可同時烤，節省時間）

2 水煮蛋用切蛋器切成薄片備用。

3 組合：吐司上放一片生菜→擺上3～4片烤香腸片→水煮蛋切片→3～4片烤香腸片，撒上少許黑胡椒鹽→放入起司片→再擺1片生菜，最後再蓋上吐司。

4 用保鮮膜將吐司緊緊包起來，用盤子壓住靜置3～5分鐘再切。此動作是為了讓所有食材融合為一體，比較不易散開。

5 直接包著保鮮膜對切，要吃時再將保鮮膜撕開。

熱狗麵包三明治

吃米飯偶爾也會覺得膩，變換口味來點輕食野餐風。運用7-11就能買到的大亨堡夾心麵包，回家再花點小巧思，就是簡單又與眾不同的輕食便當。

· Time Lapse No ·

熱狗麵包三明治

4 西班牙香腸三明治&燒肉三明治

1 人份

{ 馬鈴薯香腸沙拉 }

| 材料 | · 西班牙香腸…1條 · 帶皮馬鈴薯…切成1cm丁狀 · 熱狗麵包…1個 · 生菜…適量 · 沙拉油…1/3碗 |
| 調味料 | · 顆粒芥末籽醬…1½大匙 · 美乃滋…1½大匙 · 鹽、黑胡椒…少許 |

^{How to make}
做法

1 沙拉油加熱至170～180℃，將馬鈴薯半煎半炸至表面金黃酥脆。再進烤箱以180℃烤2分鐘，逼出多餘油脂；西班牙香腸燙熟，備用。

2 將所有調味料混合拌勻。

3 西班牙香腸切成1口大小，與做法**1**的馬鈴薯及做法**2**的調味料拌勻。

4 熱狗麵包取出，中間先擺入生菜，再夾入做法**3**，即完成。

{ 燒肉三明治 }

材料

- 牛肉片…4～5片切成適口大小
- 洋蔥 …1/4顆切絲
- 熱狗麵包…1個
- 生菜…適量

調味料

- 市售燒肉醬…1大匙

^{How to make}
做法

1 洋蔥少油炒至呈透明狀，加入牛肉片炒香。起鍋前加入調味料調味，熄火備用。

2 熱狗麵包取出，中間先擺入生菜，再將做法**1**加入，即完成。

5 火腿蛋沙拉三明治 &咖哩起司焗烤蛋三明治

{火腿蛋沙拉三明治}

材料

- 火腿…1片（切成4～6等份）
- 水煮蛋…1/2顆　・美乃滋…1大匙
- 熱狗麵包…1個　・生菜…適量

How to make
做法

1 水煮蛋煮好去殼後，用切片器切片，將蛋分成2份。（一半用於咖哩起司焗烤蛋三明治）

2 其中半份水煮蛋，蛋白切細丁，與蛋黃及美乃滋拌勻，備用。

3 熱狗麵包取出，中間先擺入生菜，再將火腿片對折整齊排入。用果醬刀輕輕夾入做法2的蛋沙拉，即完成。

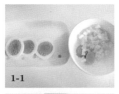
1-1

1-2

3-1

3-2

{咖哩起司焗烤蛋三明治}

How to make
做法

材料　　・隔夜咖哩…3大匙　・水煮蛋…1/2顆　・熱狗麵包…1個
　　　　・焗烤起司…適量　・生菜…適量　・黑胡椒粉…少許

1 隔夜的冷藏咖哩加熱，備用。

2 熱狗麵包取出，中間先擺入生菜。加入3大匙的咖哩，再擺上半顆的切片水煮蛋。

3 撒上適量的焗烤起司，進烤箱以180℃烤1～2分鐘至起司融化，撒上少許黑胡椒粉，即完成。

2-1

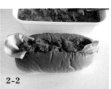
2-2

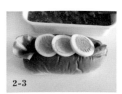
2-3

| 飯糰 | | 〔製作示範〕 |

製作風味飯糰,讓飯糰本身就能是主食,
再搭配1、2個配菜,就能快速完成便當。

不黏手製作飯糰的方法

1 善用保鮮膜,飯用保鮮膜包起來捏製,左手攤平右手拱起。右手拱起頂
出角來是關鍵,反覆往前推捏,塑出三角形,將整體捏緊,即完成。

2 利用飯糰壓模器,用壓膜器能做出完美的三角飯糰,也能逐層加入配
料,非常方便。但缺點是取出沒多久容易散開。建議壓模完,再用保鮮
膜包起來再次捏緊,才不易鬆散。

3 用溫飯來製作,會更好塑形。

Time Laben No.

飯糰

6 鮭魚鬆櫻花飯糰

2
個份

輕食系列

材料

- 溫飯…1碗
- 鮭魚鬆…2大匙
- 鹽漬櫻花…2朵
- 紫蘇葉…2枚（可省略）

How to make
做法

1 壓模器先裝入一層白飯，再加入鮭魚鬆，最後加入白飯壓緊。

2 將做法1的飯上擺放鹽漬櫻花，用保鮮膜將飯糰捏緊後，即可將保鮮膜取下，進行下一個飯糰的製作。

1

1-2

1-3

2-1

2-2

飯糰

7 白芝麻飯糰

2
個份

材料

· 溫飯…1碗
· 白（黑）芝麻…1大匙
· 紫蘇葉…2片（可省略）

How to make
做法

1 用保鮮膜把飯糰捏
成球狀。

2 白（黑）芝麻倒在
盤子上，讓飯糰表
面沾一下白（黑）
芝麻，即完成。

{ 白黑芝麻飯糰 }

8　紫蘇鮭魚蛋鬆飯糰

2
個份

材料

- 芝麻油…少許
- 溫飯…1碗
- 白芝麻…1小匙
- 紫蘇葉…1片切細末
- 煎好的鮭魚肉末…1/4碗
  （也可用鮭魚鬆代替）
- 蛋…1顆

How to make
做法

1 蛋用芝麻油先炒成蛋鬆，備用。

2 將所有材料拌勻，捏製成三角飯糰即可。

飯糰

9 甜玉米海苔飯糰

2
個份

材料

- 溫飯…1碗
- 罐頭甜玉米…2大匙
- 海苔粉…1小匙

How to make
做法

1 將所有食材拌勻,捏製成三角飯糰即可。

飯糰

10 蔥花鮭魚飯糰

1
個份

材料

- 溫飯…1/2碗
- 煎好的鮭魚肉…適量
- 蔥花…少許　黑芝麻…少許
- 香油…數滴　海苔…1片

How to make
做法

1 將海苔以外的所有材料拌勻。

2 捏製成三角飯糰後,再黏上海苔片即可。

飯糰

3
顆份

11 三色飯球

How to make
做法

材料

- 溫飯…1½碗
- 紅蘿蔔…2片
- 冷凍毛豆…約15顆
  （常溫退冰）
- 蛋半顆

1 紅蘿蔔燙熟瀝乾,切成碎末,備用。

2 蛋加少許油炒成蛋鬆,備用。

3 三種食材均用半碗飯,加一點點鹽拌勻,用保鮮膜捏成球狀即可。

飯糰

12 春野菜飯糰

2 個份

材料

- 溫飯…1碗
- 油菜花…1小把
- 鹽…少許
- 香油…數滴

How to make 做法

1 起一鍋水，加入少許鹽；水沸騰後，加入洗淨的油菜花菜燙熟。

2 將燙好的油菜花沖冷水，冰鎮後擰乾水分，再切成1cm左右的小段。

3 切好的油菜花加一點點鹽及香油，與溫飯一起趁熱拌勻，再捏製成三角飯糰即可。

飯糰

13 爆彈飯糰

材料　· 溫飯…1碗　· 滷牛肉片…4片　· 小番茄…數顆切片
　　　· 喜愛的青菜…隨意　· 壽司用海苔…2張　· 中型碗公…1個

How to make
做法

1 取一個中型碗公，鋪上一張海苔，逐層加入溫飯、材料，最後再鋪一層飯。

2 將4個邊往內折，再包一張海苔，用保鮮膜包緊捏成圓形。

3 放入碗裡靜置10分鐘，讓所有食材合為一體，比較好切。

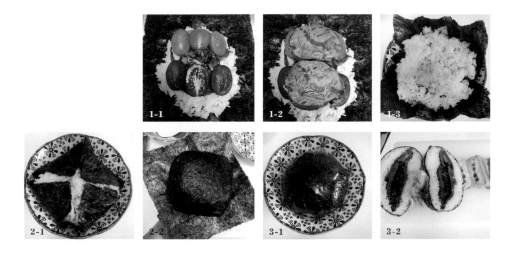

Tips

飯糰的內容物可自由搭配，沒有固定的配料。家中有香腸煎一煎，切成薄片也能製作，也可加入煎熟的荷包蛋，前提是不要有任何湯汁，食材不拘。

飯糰

14 醬油風味烤飯糰

2 個份

材料

- 溫飯…1碗
- 芝麻油…少許
- 醬油…適量

How to make
做法

1 將飯糰捏製好,備用。

2 鍋中塗上少許芝麻油,將飯糰下鍋煎。

3 飯糰兩面刷上適量的醬油,煎到表面微焦,呈鍋巴狀,飄出醬香味即完成。

〔延伸做法〕

〔味噌烤飯糰〕

味噌醬汁

- 味噌…1大匙
- 米酒…1小匙
- 味醂…1小匙

How to make
做法

以上調味料拌勻後,刷在飯糰上,一樣煎到表面呈鍋巴狀,飄出醬香味即完成。

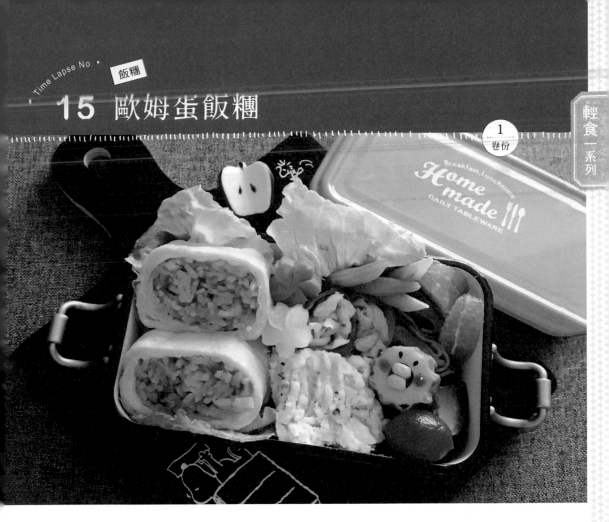

材料

- 番茄醬炒飯…
  2/3碗
- 蛋…2顆

調味料

- 味醂…1小匙
- 白醬油…1小
  匙（或淡口味
  鰹魚醬油）

How to make
做法

1 蛋加入調味料攪拌均勻，備用。

2 玉子燒鍋熱鍋後，均勻抹上一層油，轉小火加入適量蛋液，再將2/3碗番茄醬炒飯置於蛋皮的中上方，輕輕將上方蛋皮往中間處包起來。再將剩餘蛋液分層製作完。

3 靜置5分鐘，稍微散熱之後，再切成數等份。

2-1

2-2

3

247

16 鬆餅機版米漢堡

材料	調味料
・冷飯…1碗	・市售燒肉醬
・洋蔥…1/5顆切絲	
・豬肉片或牛肉片…適量	
・生菜…適量	

How to make
做法

1 以少許油將洋蔥絲炒至呈透明狀，加入肉片拌炒，淋上少許醬汁調味，炒熟起鍋備用。

2 將鬆餅機預熱，上下烤盤上均勻抹上一層油。當燈亮起時，把冷飯分為兩份，置放於烤盤上。壓蓋烤3～4分鐘取出。

3 將製作好的米漢堡，夾入生菜及炒好的肉片，用烘焙紙包起來即完成。

Tips

想製作米漢堡而沒有鬆餅機該如何製作？

可運用煎蛋模型來製作。

1. 平底鍋中上一層油。
2. 煎蛋模均勻上一圈油，裝入半碗冷飯壓平。
3. 邊煎邊壓緊，上了油的器具很好脫模，再翻面。
4. 煎到呈鍋巴狀即可。

17 脆口海苔飯糰

〔製作示範〕

1 個份

材料

- 溫飯…1/2碗
- 海苔片…1張
- 保鮮膜30×30cm…1張

How to make
做法

1 先將三角飯糰捏製好，備用。

2 取出保鮮膜，以菱形狀平放於桌上。

3 擺上海苔1張，將飯糰的尖端放在海苔的尾端。

4 保鮮膜由下往上折，再左右對折，將海苔隔絕起來，以防受潮。

5 再由下往上捲起來即可。

6 品嚐時，只要撕開保鮮膜，再將未受潮的海苔包裹住飯糰，即可吃到脆口的海苔飯。

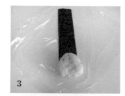

3

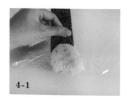

4-1

4-2

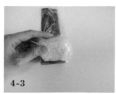

4-3

5

百變系列

18 日式醬汁炒麵&
日式醬汁炒麵蛋卷

2
人份

{ 日式醬汁炒麵 }

材料

· 日式炒麵麵條…1包
· 紅蘿蔔…3片切絲
· 蔥1根…切約3cm長
· 娃娃菜…約1碗的量切片
· 魚板…4～5片切絲或火腿1片切絲

調味料

· 日式炒麵醬…3大匙（百貨超市販售，或麵條內會附醬汁）
· 海苔粉、紅薑…適量

How to make
做法

1 將日式炒麵的麵條先汆燙過水,瀝乾備用,炒的時候較不易結塊。(麵條直接下鍋炒也可以,只是水量要自行斟酌)。

2 以少油熱鍋,將蔥段爆香,再將其他材料下鍋翻炒至半熟,此時將瀝乾的麵條下鍋用筷子快速翻炒。

3 太乾可加一點點水,將麵條翻炒至散開後,加入炒麵醬汁3大匙,炒至麵條均勻吸附醬汁即可。盛盤後,再撒上海苔粉與少許紅薑增添風味。

{日式醬汁炒麵蛋卷}

材料　・炒好的日式醬汁炒麵…半份　・越式春捲皮…1張
　　　・蛋…1顆　・海苔粉、紅薑…適量

How to make
做法

1 將日式醬汁炒麵炒好,取一半備用。

2 以小火煎薄蛋皮一片,備用。

3 用開水將春捲皮泡軟,鋪上薄蛋皮;將炒麵鋪在蛋皮上。

4 將做法3捲好後,切成4段,撒上海苔粉及紅薑即完成。

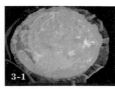
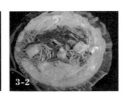

19 奶油滑蛋野菜便當

1
人份

Tips

保溫便當盒在飯菜裝盛好後，
隔著蒸架再隔水加熱。蓋上鍋
蓋煮3分鐘左右，再小心取出
裝盒，效果最好。

配菜

CH4 · 奶油滑蛋 → 蛋料理 → P149

CH4 · 香腸炒油菜花 → 便當副菜 → P128

CH4 · 清炒高麗菜 → 便當副菜 → P132

20 牛排飯糰便當

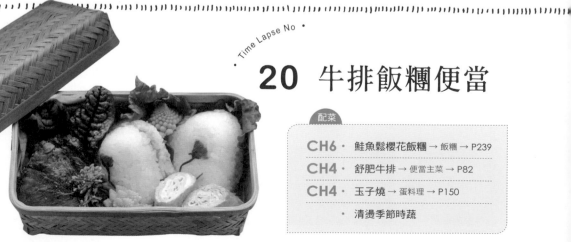

配菜

CH6 · 鮭魚鬆櫻花飯糰 → 飯糰 → P239

CH4 · 舒肥牛排 → 便當主菜 → P82

CH4 · 玉子燒 → 蛋料理 → P150

· 清燙季節時蔬

21 玉子燒壽司便當

1
人份

材料

蛋…1顆

鹽…少許

牛奶…1小匙

芽蔥（可省略）

海苔剪成1cm×10cm…數片

醋飯材料

熱飯…2/3碗

白醋…1/2小匙

味醂…1/2小匙

How to make
做法

1 蛋加入牛奶，少許鹽拌勻，以9cm玉子燒鍋製成玉子燒，待涼後切成4～5等份，備用。

2 將醋飯趁熱快速拌勻，散熱待涼後備用。

3 用壽司模具製作4～5顆握壽司飯。

4 組合：壽司飯擺上做法**1**的玉子燒，加入少許芽蔥，再用海苔捲起來即完成。

How to make
味噌風味
烤松阪豬

將松板豬進烤箱以160℃烤5～6分鐘後，再均勻塗上一層味噌，進烤箱烤2～3分鐘即可完成。味噌經過烘烤後味道更香醇濃郁。簡單搭配生菜及小番茄就很好吃。

22 芋頭豬肉炊飯

2
人份

材料　· 芋香米…1杯　· 豬胛心肉切小丁或豬絞肉…100g
· 小香菇…3～4朵泡軟後切絲　· 紅蘿蔔…1/4條切小丁
· 油蔥酥…1大匙、或3～4瓣紅蔥頭爆香　· 大甲芋頭…半顆　· 蒜苗末…少許

調味料　· 醬油…1大匙　· 米酒…1小匙　· 水加入香菇水…1¼杯

How to make
做法

1 芋頭先以少油炸到表面呈金黃色，備用。

2 豬肉下鍋煎到表面呈金黃色，備用。

3 香菇、紅蔥頭、紅蘿蔔煸香，加入做法
1、2的材料，並加入1大匙醬油拌炒。

4 洗淨瀝乾的芋香米加入做法3，並加入1¼杯的香菇水，以一般電子鍋煮飯模式煮
即可。品嚐時，可加入少許蒜青末及少許白胡椒粉，更美味。

配菜

CH2 ·	花瓣造型水煮蛋 → 夾鏈袋及盒裝漬物 → P53
CH4 ·	涼拌四季豆 → 便當副菜 → P173
CH4 ·	芋香燒豬 → 便當主菜 → P97

23 暖暖鍋燒麵

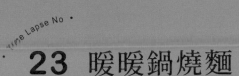

1
人份

百變—系列

材料　・和風高湯…300～350ml（CH2 P.43）

　　　　・貢丸或魚丸…適量　・水煮蛋　・魚板…數片　・喜愛的菇類或時蔬不拘

　　　　・炸意麵或烏龍麵　・蔥花…適量　・鹽…少許

How to make
做法

1 炸意麵與喜愛的菇類、時蔬、魚板，煮熟瀝乾備用。

2 將備好的和風高湯與丸子類煮熟，加少許鹽調味，備用。

3 湯與麵分開，以保溫便當盒裝盛即可。

24 和風竹筍炊飯

2-3
人份

材料	·綠竹筍…約300g ·米…2杯 ·紅蘿蔔絲…1/3碗 ·豆皮…1塊切絲
	·香菇…4～5朵泡開後切絲 ·去骨雞腿肉…1片切成1cm左右小丁
調味料	·白醬油…3大匙 ·米酒…1大匙 ·水…2杯（泡香菇的水可運用）
	·味醂…1大匙 ·烹大師鰹魚粉…1小匙（可省略）

How to make
做法

1 竹筍連殼洗淨，用蓋過竹筍的水量，以電鍋蒸熟去除土味（電鍋外鍋1杯水）。

2 蒸熟的竹筍切成薄片，與所有食材和調味料一起放入電子鍋煮，選擇一般煮飯行程即可。

3 煮好後，用飯匙將米飯拌鬆，上下拌勻。品嚐時，可搭配白胡椒粉或七味粉增添風味。竹筍殼可留下來裝填或裝飾炊飯，相當高雅。

1　2-1　2-2　3

Time Lapse No

25　和風竹筍炊飯便當

配菜	
CH6 ·	和風竹筍炊飯 → 百變系列 → P258
CH4 ·	高湯玉子燒 → 蛋料理 → P155
·	雞湯燙甜豆、紅蘿蔔　→ 剛好有煮雞湯，放入湯裡燙熟
CH4 ·	馬鈴薯照燒雞腿排 → 便當主菜 → P108

26 和風涼麵

夏天食欲不振時，很適合消暑的涼麵便當，清涼又開胃。配料可隨喜好自由搭配，重要的是如何不讓麵條糾結成團，才是關鍵。涼麵便當經過4～5小時，依然Q彈好吃的祕訣在於，冰鎮後確實瀝乾水分，然後用叉子一球、一球捲起來裝盛。麵條不要整團裝盒，就不會黏成一塊。醬汁裝入保冷容器，加冰塊稀釋，品嚐時就會是剛剛好的鹹度，冰涼可口。

材料
- 日式細麵條1½束，本次使用小豆島的橄欖細麵，所以麵條有綠色，而淡紫色的麵條，則是用煮紫色高麗菜的紫色水煮出來的效果。
- 小黃瓜絲…適量 ・甜玉米粒、小番茄…適量
- 甜豆、油菜花燙熟…適量 ・花朵火腿…1朵（CH4 P.160）
- 淺漬蘿蔔…適量（CH2 P.50）
- 水煮蛋 ・蔥花…少許 ・芝麻…隨喜好

調味料
- 濃縮3倍鰹魚醬油…3大匙 ・冰塊…少許

How to make
做法

1 麵條依照包裝上的標示煮熟，沖冷水後冰鎮。

2 將麵條靜置於濾網上2～3分鐘，確實瀝乾水分。

3 用叉子一球、一球捲起麵條，裝盛進便當盒中，擺上玉米粒、蔥花及芝麻點綴。

4 其他食材擺放整齊，醬汁與冰塊（刨冰）另用保冷容器裝盒。

1

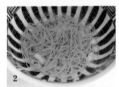
2

3-1

3-2

3-3

4

27 咖哩牛肉飯

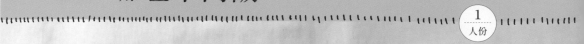

1
人份

材料

- 牛五花肉片…5～6片
- 花椰菜…2朵
- 蛋…1顆
- 生菜…少許（可省略）
- 咖哩…依喜好適量
  （CH4 P.98）
- 白飯…1碗

調味料

- 鹽、黑胡椒粉…少許

How to make
做法

1 蛋先煎成7分熟荷包蛋，備用。

2 牛五花肉片切成適口大小，直接下鍋煎15秒左右，撒上調味料即可。

3 白飯擺上煎好的荷包蛋及做法2的牛五花，放咖哩醬，再以燙熟的花椰菜裝飾，即完成。

2-1

2-2

Tips

* 牛五花肉油脂豐厚，無須加油煎就能逼出一堆油。也可先煎牛五花肉片，逼出的油脂用來煎蛋會很香。

* 盛裝咖哩便當時最好使用分格的餐盒，或另用容器裝盒，白飯才不易溼黏。

* 紫色的生菜名為「小品紅莧菜」，帶點微酸的風味，用來代替咖哩的福神漬也別具一番風味。

* 咖哩與白飯分開裝盒時，白飯可以做點活潑的變化。白飯用保鮮膜捏成球狀，用玉米粒當嘴巴，黑芝麻當眼睛，就成了可愛的小雞造型。

{ 丸子炸物咖哩 }

搭配炸物

CH4· 日式唐揚雞 → 便當主菜 → P76

CH4· 酥炸海苔風味黑鮪魚 → 便當主菜 → P118

{ 編織蛋 }

How to make
做法

1 蛋白蛋黃分開煎，裁成長條狀。

2 於保鮮膜上編織好，再放上白飯，收好編織蛋的四個邊，
以倒扣的方式裝入便當盒，即完成。

28 焦烤牛肉咖哩貝殼麵

材料

· 貝殼麵或任何通心麵···1/2碗（煮出來就差不多是1碗的分量）

· 橄欖油···少許

· 花椰菜、甜豆、小番茄···適量

· 咖哩···半碗（CH4 P.98）

· 蛋···1顆

· 醃漬過的牛肉片···適量（CH4 P.164）

· 焦烤用起司···適量

· 黑胡椒粉、巴西里末···適量

· 耐熱器皿···1個（琺瑯或耐熱玻璃便當盒）

How to make
做法

1 貝殼麵與蔬菜煮熟，瀝乾備用。

2 耐熱器皿塗上少許橄欖油，再鋪上貝殼麵拌勻。

3 依序加入咖哩、花椰菜、牛肉、生雞蛋，進烤箱以180℃先烤5分鐘。

4 取出加入甜豆、小番茄1顆，撒上焗烤用起司，進烤箱以180℃烤7分鐘。
   餘溫再靜置5分鐘，因為是冷藏咖哩直接取用，若是常溫或熱咖哩可省略
   靜置的步驟。

5 撒上黑胡椒粉、巴西里末，即完成。

Tips
＊每台烤箱的功能不同、焗烤時間不長，請適時隨側觀察。
＊焗烤麵也可以改成焗烤飯，做法一樣。
＊耐熱器皿上塗一層油，易於清洗不沾黏。

29 春之稻荷壽司

| 材料 | · 市售甜豆皮…6片 · 甜豆皮內附贈壽司醋…1/4包（或壽司醋1大匙）
· 熱飯…1碗 · 牛五花肉片…3～4片
· 鹽漬櫻花…3朵（用冷水泡開瀝乾） · 油菜花…適量
· 蛋…1顆 · 芝麻…少許（甜豆皮內附贈）
· 海苔1cm×3cm… 3片 · 果醬刀…1把 |

做法

1 牛五花肉片切成3cm適口大小，加自製媽媽醬1大匙（P.163）醃漬半小時；熱飯拌入1大匙壽司醋，快速拌勻散熱待涼，備用。

2 用果醬刀輕輕將所有甜豆皮打開，備用。

3 油菜花切成3cm長，燙熟瀝乾備用；醃漬好的牛五花炒熟備用。

4 將所有豆皮往內折0.5cm，裝入做法1的醋飯。其中3個豆皮壽司擺上炒熟的牛五花及油菜花，另外3個豆皮壽司，先撒入少許芝麻再擺上櫻花即可。（可加入西洋芹菜葉裝飾）

5 蛋製成玉子燒，趁熱用鋁鉑紙捏製成三角形，靜置5分鐘定型後再切片，貼上海苔片，即完成飯糰造型玉子燒。

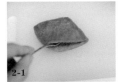

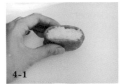

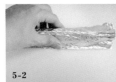

30 健康蔬菜卷便當

材料

- 越南春捲米紙…2張 ・火腿…1片切絲
- 薄蛋皮…1片切絲 ・香腸…1條
- 任何喜愛的蔬菜不拘

How to make
做法

1 準備越南春捲皮1張，放入溫水中浸泡10秒即可軟化。

2 勿一次泡多張，會黏成一大塊米餅，請單片泡水製作。

3 備好喜歡的食材，例如：蛋絲、烤好的香腸切絲，或是喜歡的蔬菜燙好瀝乾。

4 將食材放在泡軟的春捲皮上，由下往上、再左右捲起來。捲成長條狀，捲好即可黏住定型。

5 盡量捲緊一點，比較扎實易切，切成適口大小即完成。

1-2

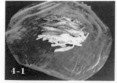

4-1

4-2

4-3

31 蒜味香腸炒飯便當

2 人份

百變一系列

炒飯材料

- 蒜頭…2顆，切細末
- 白飯…2/3碗
- 香腸…1條
- 蔥花…少許

調味料

- 鹽、黑胡椒粉…少許

How to make 做法

1 香腸切成小丁狀，直接爆香快炒，會逼出不少油脂。

2 做法1再加入蒜末炒香，炒至蒜末呈金黃色後，加入白飯翻炒。

3 起鍋前加入蔥花及調味料翻炒拌勻，即完成。

配菜

CH4· 海苔風味起司炸竹輪 → 便當副菜 → P131

→ 製作炸竹輪時，麵糊尚有剩，就連續炸了市售餛飩、炸地瓜及炸溏心蛋，當本日配菜。

32 鰻魚飯便當

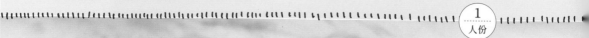

材料

· 市售冷凍…鰻魚半尾
· 白飯…1碗
· 蛋…1顆
· 白芝麻…少許

調味料

· 味醂…1小匙
· 鹽…少許

How to make
做法

1 蛋加入調味料攪拌均勻,用9cm玉子燒鍋煎製數片薄蛋皮,備用。

2 取一張蛋皮做成花朵造型(CH4 P.160);將其他蛋皮切成細絲備用。

3 烤盤鋪一張烘焙紙,將半尾鰻魚進烤箱以160℃加熱2分鐘,增添香氣。

4 組合:白飯鋪上一層蛋絲→再擺上切片的烤鰻魚→撒上少許白芝麻,即完成。

配菜

CH4· 柚香金時地瓜 → 便當副菜 → P127

CH4· 花朵蛋 → 蛋料理 → P160

精選便當圖鑑

這個章節精選了我很喜愛的便當作品，提供給大家參考。做便當對我而言，不僅僅是為了家人的健康著想，另一方面也想藉由這個過程來紓解生活中的壓力，放鬆自我，達到療癒的目的。常有人問，做飯明明是一件麻煩又惱人的事，你不累嗎？但是對我而言，做飯就像是人生，雖然有時也會不小心把魚煎焦了，那就把焦的部分丟棄，取魚肉來製作飯糰。人生有時也會遇到挫折或艱難，窮則變、變則通。對的事物只要堅持到底，一定會開花結果的。

動手做飯營養又衛生，更有益於家人健康。每每做完便當，拍拍照，閒暇時欣賞自己的便當作品，都好舒心。把做便當想像成在畫畫，每天都有不同的創作，是一種自我挑戰，也是女兒與家人的期待，把例行公事變成喜歡做的事，與大家共勉之。

1　戶外教學便當

三月，天氣涼爽，幼稚園、小學都在會此時舉辦春季活動。還在羨慕日本媽媽幫孩子做的可愛造型便當嗎？只要巧妙的運用飯模來製作，人人都能輕鬆做出吸睛又美味的便當。只要掌握幾個重點，清晨早起現做，就能讓孩子開心帶出門郊遊。

Tips

＊食物不能有湯汁，易造成腐壞。
＊食物要全熱，確實冷卻再裝盒上蓋。
＊若有馬鈴薯沙拉類前日做好冷藏保存，當日直接取出使用，無須加熱。
＊單獨用保鮮膜包成球狀，或用便當隔板隔離。也可以使用配菜矽膠盒、紙盒單獨裝填。
＊便當盒用保冷袋裝好，放入冷凍小果汁及數個保冷劑，食物維持到中午都不是問題。

配菜

{ 柴犬篇 }

· 章魚造型熱狗 → 熱狗在中間處 切下4刀，以少許油將切開處朝下油 炸，定型即完成。

· 柴犬飯糰 → 運用造型飯模製作。

〔茶兔篇〕

How to make
飯模
使用方法

1 備好食材，雙色起司、白米飯、火腿、海苔片。

2 取出矽膠墊及海苔剪，備用。

3 將白飯裝填壓模，蓋上蓋子壓緊，使造型定型。

4 臉部造型模，鋸齒狀面朝下，一氣呵成地按壓在海苔上。

5 表情海苔用鑷子輕壓在造型飯糰上，刷上薄鹽醬油豐富兔子品種，火腿可當腮紅，起司可當耳朵。

 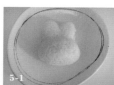  

配菜

CH4· 鮭魚蘆筍炒蛋 → 蛋料理 → P158

· 毛豆炒香腸 → 香腸蒸熟後切片煸香，加入蒜末及冷凍毛豆一起炒，以少許鹽調味。

{ 飯糰壓模Q&A }

▌**Q1.** 耳朵咖啡色是用什麼塗的？

A. 咖啡色是用醬油上色，鰹魚醬油太淡、傳統醬油太深，所以用鰹魚醬油＋傳統醬油1：1來上色。

▌**Q2.** 耳朵跟腮紅是用什麼做的？

A. 耳朵跟腮紅是用火腿。新東陽、台蓄、富統都可以。好市多販售的里肌火腿我覺得最薄又沒什麼筋，個人覺得最好壓模。但一次分量要買2袋，請自行斟酌用量。腮紅及嘴巴也可用番茄醬代替，用筷子沾少許番茄醬，輕輕點一下即可。

▌**Q3.** 海苔怎樣壓才不會碎掉？

A. 海苔要買夾鏈袋裝的脆口海苔比較好壓模。我習慣開封後冷藏，以保持脆度。壓模前冷凍1小時，再取出會更好製作。飯模內都會附贈矽膠軟墊，在墊子上能輕易壓模，再用鑷子取下海苔即可。

▌**Q4.** 為什麼貼出來的表情都會走鐘？請問表情順序要怎麼貼？

A. 畫龍點睛很重要！表情海苔從眼睛開始黏貼，眼睛的距離對好了，就不會走鐘。

▌**Q5.** 為什麼做出來飯糰都會散掉？

A. 飯用模具雙手壓緊！壓緊才會扎實。

2　竹筍炊飯飯糰便當

配菜

CH6 ·	和風竹筍炊飯 → 蛋料理 →	P258
CH4 ·	明太子玉子燒 → 蛋料理 →	P152
CH4 ·	蟹肉棒海苔風味卷 → 便當副菜 →	P146
CH4 ·	台式烤香腸 → 便當主菜 →	P112
CH4 ·	剝皮辣椒炒甜豆 → 便當副菜 →	P130

一鍋到底的炊飯，對家庭主婦來說是省時、省事的好朋友！竹筍一定要整支帶殼一起從冷水開始煮，才能緊緊鎖住筍肉的水分與甜味。用冷水煮的原因在於，溫度上升的過程，熱度會慢慢滲透至竹筍中心點而熱化，從而保有竹筍的鮮甜。若直接放進滾燙熱水中煮，反而會使竹筍毛細孔緊縮，讓苦味無法流失；若是先去殼、切塊再煮，則會使原有的水分流失，吃起來澀澀的。帶皮下鍋煮還有一個優點，煮熟後的外殼可以很輕鬆地剝除。

How to make
雕花做法

運用花型打洞器將海苔壓成花卉造型，三角飯糰捏製好後，貼上去即可。飯糰看起來更精緻。

3　蝴蝶結壽司便當

1 人份

材料

- 白飯⋯1碗
- 火腿⋯1½片
- 蛋⋯1顆
- 韭菜⋯5根
- 海苔⋯1片
- 壽司壓模器

調味料

- 任何口味的飯香鬆適量

媽媽也有少女心大爆發的時候，也讓正值青春年華
的少女，一打開便當盒就充滿驚喜的滿滿蝴蝶結。

How to make
做法

1 火腿片切成1/4大小共6片；薄蛋皮用
9cm玉子燒鍋製作，煎好切成寬3～4cm
的長條狀，海苔剪0.5cm寬，與薄蛋皮
等長的長度，韭菜燙熟瀝乾，備用。

2 白飯加入飯香鬆拌勻後，用壽司壓模
器製作出6顆壽司飯。

3 將火腿片折2折，用燙好的韭菜輕輕打
結，即完成蝴蝶結造型。

4 用薄蛋皮將壽司飯捲起來，再用海苔
固定捲好兩端。

5 最後將火腿蝴蝶結輕輕繞一圈，打結
綁定位，即完成。

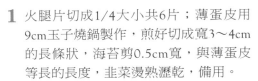
1

2

3

4-1

4-2

5

277

4 女兒節便當

1
人份

女兒節是從中國唐代傳到日本的平安時代，其實女兒節本來並不是女兒的節日，而是因季節變換時容易生病，所做的驅邪儀式。原本的節日其實不分男女，而現代日本只針對女孩的慶祝，則是因為五月五日的端午節成為只慶祝男孩子的兒童節，所以將三月三日訂為慶祝女孩的節日。

女兒節的傳統食物是散壽司、三色糰子、蛤蜊湯。便當也可利用市售的蒲燒鰻魚，做出繽紛的女兒節散壽司飯。

材料 ・市售冷凍蒲燒鰻魚…半尾 ・白飯…1½碗 ・蛋…1顆 ・沙拉油…少許
・鹽…少許 ・味醂…1小匙 ・白芝麻…少許
・小黃瓜長薄片…1片（燙軟瀝乾） ・火腿片…1片
・紅蘿蔔長薄片…1片（燙軟瀝乾） ・海苔3×9cm… 2片
・甜豆…5～6根或羅馬花椰菜（燙熟瀝乾） ・熟蝦仁…3～4尾

How to make
做法

1 蛋1顆加入少許鹽巴，加1小匙味醂攪拌均勻。少許油將蛋液煎成數片薄蛋皮，備用。用9cm玉子燒鍋煎成3片薄蛋皮即可。

2 將其中1片薄蛋皮切半備用，其他2片則切成細蛋絲備用。

3 1½白飯分成3等份，做成2顆三角飯糰，剩餘的1/2碗備用。

4 將做好的2顆三角飯糰，分別圍上和服外衣。
男孩：內層蛋皮1片，外層海苔1片。
女孩：內層紅蘿蔔片，中間層火腿片及小黃瓜片，外層蛋皮1片。

5 男孩女孩飯糰製作好後，將剩餘的1/2碗白飯鋪在周圍，白飯上鋪滿蛋絲。

6 冷藏取出半尾鰻魚，先切成適口的3cm大小，進烤箱160℃加熱2分鐘。鋪在蛋絲上，再撒少許白芝麻。

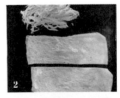

7 甜豆及蝦仁對切後，交錯擺在鰻魚的四周，用來填補縫細及增加色彩。

Tips

＊小黃瓜及紅蘿蔔的長薄片，請用刨皮刀將小黃瓜及紅蘿蔔橫放於桌上，由左向右橫刨即可。
＊烤箱加熱鰻魚時，記得利用烘焙紙墊著烤，千萬不要用鋁鉑紙，容易讓鰻魚皮黏在鋁鉑紙上。

5月5日是日本的兒童節，又稱為男童節，也是日本人以前的端午節。緣由是在武士時代，武士家族都會在端午節擺出家傳的盔甲和旗幟。一來是防潮濕，二來是向家中男童展示家族的榮耀。本來日本的端午節也跟台灣一樣，在農曆的5月5號過節，但在明治維新時廢除農曆，改為國曆5月5日過節。

而1948年又將端午節改名為兒童節。家家戶戶高掛著鯉魚旗，因為中國鯉魚躍龍門的傳說，加上日本人認為鯉魚為武勇的象徵，所以都會在端午節這天，掛上鯉魚旗來祝福男孩健康長大。通常體大而黑的鯉魚是象徵爸爸，紅色象徵媽媽，小隻鯉魚旗就代表小孩。而金太郎是健康寶寶，日本男童的代表人物，期望家中男孩也能像他一樣強健苗壯。

{鯉魚旗}

How to make
做法

材料

· 溫飯…2/3碗
· 海苔…1枚
· 火鍋用蟹肉棒…1根
· 薄蛋皮…2張
· 起司…1/2張

1 用壽司飯模，壓出3個握壽司飯，備用。

2 蟹肉棒先對切平行，而海苔與蛋皮裁成與壽司飯差不多長的長方形，3者都分別裁V刀，即成了魚尾巴。

3 魚鱗片用梅花型壓模器，壓出半圈，再往後退，重複壓一次，就會有不同大小的弧度。

4 眼睛則是用小吸管在起司上壓出小圓圈，眼球則運用表情打洞道具，用海苔剪出小圓形，直接貼在起司上，就是很生動的眼睛。

2-1　2-2　2-3　3-1

3-2　4-1　4-2　4-3

｛金太郎｝

材料　・溫飯…1/3碗　・海苔…1片　・番茄醬…少許

How to make

做法

1 溫飯用保鮮膜趁熱捏成三角形，備用。

2 海苔測量一下飯糰的間距，裁剪成ㄇ字型，為金太郎的招牌瀏海。

3 將做法**2**把做法**1**包起來，再用保鮮膜封起來，靜置2～3分鐘定型。

4 海苔剪0.3cm左右細長形當成眉毛，眼球則運用表情打洞道具，用海苔剪出小圓形。鼻子、嘴巴用小剪刀裁出適當的大小，腮紅則用筷子沾少許番茄醬，輕輕點上即可。

2

3

4

配菜

CH4・	高湯燙花椰菜 → 便當副菜 → P134
CH4・	一晚入魂醬漬叉燒佐柚子胡椒 → 便當主菜 → P106 → 自製萬能醬料 → P42
CH4・	醬漬溏心蛋 → 蛋料理 → P174
CH4・	花朵蛋 → 蛋料理 → P160
CH2・	漬物 → 夾鏈袋與盒裝漬物 → P50

6 會考應援便當

很多人都覺得，考前要吃求勝利斜音的炸豬排飯「カツ丼」。但我個人是在考前，絕不讓女兒碰任何油膩的炸物料理。因為女兒國一時，也曾要求在考前做炸豬排飯討個吉利，結果吃完後隔日反而考不好！因為他本身水喝得不夠、又吃炸物，隔日反而容易腹脹、腹痛。試過2〜3次後的感想是，重要的日子還是清淡飲食、讓腸胃舒服的餐點是最好的。

為什麼我會想要做鰻魚料理呢？並不是因為鰻魚高級，而是取之含義。日本人用「うなぎ登り」來形容業績長紅，直線成長。「うなぎのぼりの出世」（飛黃騰達）是我想到除了「カツ丼」之外，最適合用來祝福考生的話。希望考生能在會考當日，成績衝到最高點、發揮最好的實力。

女兒會考當天，我和先生都陪他去考場，默默地幫他加油打氣。能為他做的不多，就是「陪伴」，對他滿滿的愛，都在媽媽親手做的便當裡。三個人的午餐便當，是國中生涯最後一個便當。

給早起做便當帶去考場的家長小叮嚀：

1. 請務必將食物都煮熟，不要有湯汁。
2. 食物放涼了再蓋上蓋子，才不會孳生細菌。
3. 裝入保冷袋中也別忘了多放幾個保冷劑。建議買幾罐小果汁或礦泉水放冷凍，能代替
   保冷劑。冷凍果汁到中午剛好退冰，給考生冰涼飲用，還能兼顧保護便當的作用。

配菜

全家人的暖心便當

56道經典便當×83道主副菜×32道縮時料理

作　　者 | 劉晏伶 Amanda
發 行 人 | 林隆奮 Frank Lin
社　　長 | 蘇國林 Green Su

出版團隊

總 編 輯 | 葉怡慧 Carol Yeh
主　　編 | 鄭世佳 Josephine Cheng
企劃編輯 | 楊玲宜 Erin Yang
封面裝幀 | 兒日
內頁設計 | 比比司設計工作室

行銷統籌

業務處長 | 吳宗庭 Tim Wu
業務主任 | 蘇倍生 Benson Su
業務專員 | 鍾依娟 Irina Chung
業務秘書 | 陳曉琪 Angel Chen
　　　　　莊皓雯 Gia Chuang
行銷主任 | 朱韻淑 Vina Ju

發行公司 | 精誠資訊股分有限公司 悅知文化
　　　　　105台北市松山區復興北路99號12樓
專　　線 | （02）2719-8811
傳　　真 | （02）2719-7980
悅知網址 | http://www.delightpress.com.tw
客服信箱 | cs@delightpress.com.tw
二版二刷 | 2021年08月
建議售價 | 新台幣399元

國家圖書館出版品預行編目資料

全家人的暖心便當：56道經典便當×83道主副
菜×32道縮時料理 / 劉晏伶著. -- 二版. -- 臺
北市：精誠資訊，2021.01
　　面；　公分
ISBN 978-986-510-130-5（平裝）
1.食譜

427.17　　　　　　　　　　110000710

建議分類 | 飲食・食譜・便當

本書若有缺頁、破損或裝訂錯誤，請寄回更換
Printed in Taiwan

讀者回函　　全家人的暖心便當

感謝您購買本書。為提供更好的服務，請撥冗回答下列問題，以做為我們日後改善的依據。
請將回函寄回台北市復興北路99號12樓（免貼郵票），悅知文化感謝您的支持與愛護！

姓名：＿＿＿＿＿＿＿　＿＿＿＿　性別：□男　□女　年齡：＿＿＿＿＿歲

聯絡電話：(日)＿＿＿＿＿＿＿＿＿　(夜)＿＿＿＿＿＿＿＿＿＿＿＿＿＿

Email：＿＿＿＿＿＿＿＿＿＿＿＿＿＿＿＿＿＿＿＿＿＿＿＿＿＿＿＿＿＿

通訊地址：□□□-□□　＿＿＿＿＿＿＿＿＿＿＿＿＿＿＿＿＿＿＿＿＿＿

學歷：□國中以下　□高中　□專科　□大學　□研究所　□研究所以上

職稱：□學生　□家管　□自由工作者　□一般職員　□中高階主管　□經營者　□其他＿＿＿＿

平均每月購買幾本書：□4本以下　□4~10本　□10本~20本　□20本以上

● 您喜歡的閱讀類別？(可複選)
　□文學小說　□心靈勵志　□行銷商管　□藝術設計　□生活風格　□旅遊　□食譜　□其他＿＿＿＿

● 請問您如何獲得閱讀資訊？(可複選)
　□悅知官網、社群、電子報　□書店文宣　□他人介紹　□團購管道
　媒體：□網路　□報紙　□雜誌　□廣播　□電視　□其他＿＿＿＿＿＿＿＿

● 請問您在何處購買本書？
　實體書店：□誠品　□金石堂　□紀伊國屋　□其他＿＿＿＿＿＿＿＿＿＿＿
　網路書店：□博客來　□金石堂　□誠品　□PCHome　□讀冊　□其他＿＿＿＿＿＿＿＿

● 購買本書的主要原因是？(單選)
　□工作或生活所需　□主題吸引　□親友推薦　□書封精美　□喜歡悅知　□喜歡作者　□行銷活動
　□有折扣＿＿＿＿折　□媒體推薦＿＿＿＿＿＿＿＿＿＿＿＿＿＿＿＿＿＿＿

● 您覺得本書的品質及內容如何？
　內容：□很好　□普通　□待加強　原因：＿＿＿＿＿＿＿＿＿＿＿＿＿＿＿
　印刷：□很好　□普通　□待加強　原因：＿＿＿＿＿＿＿＿＿＿＿＿＿＿＿
　價格：□偏高　□普通　□偏低　原因：＿＿＿＿＿＿＿＿＿＿＿＿＿＿＿＿

● 請問您認識悅知文化嗎？(可複選)
　□第一次接觸　□購買過悅知其他書籍　□已加入悅知網站會員www.delightpress.com.tw　□有訂閱悅知電子報

● 請問您是否瀏覽過悅知文化網站？　□是　□否

● 您願意收到我們發送的電子報，以得到更多書訊及優惠嗎？　□願意　□不願意

● 請問您對本書的綜合建議：＿＿＿＿＿＿＿＿＿＿＿＿＿＿＿＿＿＿＿＿＿＿

● 希望我們出版什麼類型的書：＿＿＿＿＿＿＿＿＿＿＿＿＿＿＿＿＿＿＿＿＿

SYSTEX | dp 悅知文化

精誠公司悅知文化　收

105 台北市復興北路**99**號**12**樓

（ 請 沿 此 虛 線 對 折 寄 回 ）

56道經典便當×83道主副菜×32道縮時料理

dp 悅知文化
Delight Press